NOUVELLE TANNERIE

FRANÇAISE.

NOUVELLE TANNERIE

FRANÇAISE

PAR

CHARLES KNODERER,

(de Strasbourg,)

PROPRIÉTAIRE DES USINES D'ILLKIRCH,

Inventeur du Tannage économique et accéléré.

De l'eau, de l'écorce,
du mouvement, voilà tout
notre secret.

DEUXIÈME EDITION.

—

A PARIS,

A LA LIBRAIRIE CENTRALE DES SCIENCES
Rue de Seine-Saint-Germain, 13.

—

MM. LEIBER et COMMELIN, libraires.

—

1856

AVANT-PROPOS.

Lorsque l'on se présente devant le public avec une importante réforme dans la main ; lorsque l'on se présente devant lui, comme venant révolutionner pacifiquement une grande industrie et la doter d'une nouvelle source des richesses, on se doit à soi-même, on doit à ses confrères et au public, que l'on prend pour juge, des explications qui ne puissent donner prise à aucun malentendu.

Persuadé qu'avant peu, le système du mouvement que je propose remplacera dans toutes les tanneries le système du repos des cuirs dans les fosses, j'ai cru, tout en gardant par devers moi la propriété des travaux, des recherches et des résultats auxquels j'ai consacré une partie de ma carrière, j'ai cru, dis-je, devoir exposer en peu de mots les nombreux avantages des méthodes que je propose de substituer aux anciennes. Je l'ai fait sans prétention au mérite d'écrivain, et en me proposant une double tâche : relever le commerce et la préparation des cuirs dans l'opinion des gens du monde; appeler à moi tous les hommes sans prévention.

D'après les avis de beaucoup d'expérimentateurs compétents, et sur les encouragements de nombreux amis, je me suis décidé à constituer en grand l'exploitation des procédés dont je suis l'inventeur. Avant d'ouvrir à tous les portes de cette association commerciale, il m'a semblé que j'agirais bien et loyalement, en me soumettant d'abord au jugement public.

C'est ce jugement que je viens provoquer, prêt à répondre à toutes les objections.

Si le gouvernement, si mes confrères pensaient devoir acquérir mes procédés pour les faire tomber immédiatement dans le domaine public, je n'hésiterais pas un seul instant à sacrifier le plus brillant avenir à l'honneur d'avoir rendu un service signalé à mon pays, en faisant progresser plus promptement l'industrie importante que, depuis des siècles, nous professons de père en fils.

CHARLES KNODERER,

Propriétaire de Tanneries à Strasbourg
et à Illkirch (Bas-Rhin)

NOUVELLE TANNERIE

FRANÇAISE.

CHAPITRE PREMIER.

Importance de l'Industrie des Cuirs.

Si jamais une branche d'industrie mérita d'attirer l'attention du public, les regards de la science et l'intérêt des capitalistes, c'est celle qui embrasse toute l'immense série des opérations par lesquelles passent les peaux et les cuirs avant d'entrer dans les usages domestiques. La tannerie forme comme un vaste monde et fait vivre une foule de professions. Il n'est presque pas d'industrie qui, dans une circonstance ou dans une autre, ne se serve du cuir. Cet élément industriel ne forme pas seulement les matières pre-

nières que mettent en œuvre le cordonnier, le sellier, le ceintu-
ronnier, le gantier, le harnacheur, le malletier, le coffretier, le
bourrelier, le guêtrier, le fabricant de voitures. Depuis l'usine
géante que la vapeur alimente, jusqu'à la fabrication modeste de
la balle qui occupe les jeux de l'enfance, presque toutes les profes-
sions ont besoin du cuir. Ce sont d'abord les filatures; les tissages
mécaniques; les fabriques d'indienne et de drap; les papeteries.
les fabriques d'aiguilles, les hauts-fourneaux et forges, les cons-
tructeurs de machines; les ateliers de chemin de fer; les grands
moulins; enfin, pas une grande usine qui n'emploie du cuir soit en
cardes, soit en courroies, pour des sommes énormes; viennent
ensuite les industries plus modestes : l'ébéniste pour les fauteuils
ou les bureaux qui sortent de ses mains habiles; le mécanicien
pour ses tours ou pour les roues immenses de ses machines; le
relieur pour ses élégants ouvrages de bibliothèque; le physicien
pour ses instruments de précision; le fontainier pour ses pompes
et ses tuyaux; le casquettier pour ses visières; l'armurier pour
ses fourreaux; le quincaillier pour une foule de menus objets;
le mineur, le tailleur de pierres et beaucoup d'autres corps d'état
pour leurs tabliers; le forgeron pour ses soufflets; l'imprimeur
et le lithographe pour divers usages; en un mot, l'universalité
des arts et celle des métiers ont besoin du cuir à un état quel-
conque de fabrication pour un objet quelconque de leur spécialité.
Il y a plus, un art nouveau, celui de l'ornementation en cuir a
conquis droit de cité dans le domaine de la mode. Des cadres, des
tentures, des moulures, des fleurs en cuir le disputent par la déli-
catesse de leur confection aux ouvrages de la sculpture la plus
distinguée.

D'un autre côté, ce que les armées et les marines militaires et marchandes consomment de cuir est inimaginable ; chaussures, guêtres, ceinturons, coiffures, gibernes, schakos, buffleteries, culottes, harnachement de chevaux, courroies, longes, fourreaux, étuis d'armes, couvertures de fourgons, selles, attaches de toutes sortes, c'est par millions de francs que les divers objets de l'équipement, du campement et du train militaires absorbent la peau et le cuir, — si bien qu'en temps de guerre, comme en temps de paix, les cuirs, aussitôt qu'ils sont préparés, sont enlevés pour la consommation. On n'en prépare pour ainsi dire jamais assez !

Aussi, n'est-il pas de pays où la fabrication des cuirs ne soit répandue. Allez chez n'importe quel peuple civilisé ou sauvage, vous trouverez des peaux préparées. Chacun cherche à faire assez en ce genre pour sa consommation et chacun cherche à s'y distinguer, depuis l'Indien qui jette sur son dos la peau du jaguar qu'il a tué, jusqu'au Lapon tout habillé des dépouilles du renne. Chaque nation semble avoir en cette branche genre une spécialité. Si le Moscovite s'enorgueillit de son cuir aristocratique, le Maure et le Turc sont fiers de leurs élégants maroquins. Il y a, entre les populations des diverses zônes de la terre, comme une émulation universelle en ce qui concerne les peaux et les cuirs. L'Esquimaux, dans cette sphère, a son mérite comme le plus civilisé des peuples.

Aussi, ce que l'industrie des cuirs occupe de travailleurs est-il immense. Il y a des tanneurs, corroyeurs, vernisseurs et des hongroyeurs pour ainsi dire partout. En Russie, en Turquie, en Grèce, en Espagne, dans les pays les moins industriels de l'Europe, cette industrie est florissante entre toutes les autres ; vous la trouvez répandue même en Kabylie, dans l'Asie mineure, en Chine et au Japon.

Mais nulle part, même en Allemagne et en Angleterre où elle a cependant pris des développements immenses, nulle part elle n'a plus d'activité qu'en France. Il n'est pour ainsi dire pas de ville ou de bourg de France qui n'ait sa tannerie ou ses tanneries. Non seulement les rivières, mais encore les ruisseaux sont utilisés par l'industrie des cuirs. Le nombre de nos tanneurs, mégissiers, corroyeurs, chamoiseurs, hongroyeurs, peaussiers, boyautiers, ne s'élève pas à moins de vingt mille. Nous n'en finirions pas si nous voulions nommer tous nos centres de fabrication en ce genre. Prenez la liste de nos agglomérations de population, vous verrez dans toutes quelque branche de l'industrie ou du commerce des cuirs. Sans avoir la prétention de nommer tous les centres de fabrication, vous en trouverez, en suivant l'ordre alphabétique, à Abbeville, Agen, Aignay-le-Duc, Ainay-le-Château, Aire, Aix, Albi, Alençon, Altkirck, Amboise, Amiens, Amou (Landes), Ancenis, aux Andelys, à Angers, Angoulême, Aniane, Annonay, Apt, Arbois, Arc-en-Barrois (Haute-Marne), Arfeuilles (Allier), Argentan, Argenton, Armentières, Arnay-le-Duc, Arras, Ascq (Nord), Astaffort, Aubagne, Aubenas, Aubigny-Ville (Cher), Aubusson, Auch, Auffay (Seine-Inférieure), Aulnay-sur-Odon, Aumale, Aups, Auray, Aurignac, Aurillac, Autun, Auxerre, Auxy-le-Château, Avallon, Avesnes. Avignon, Avranches, Azay-le-Rideau.

Vous en trouverez aussi à Badonviller, Baccarat, Bagnères, Bagnols. Bain, Bapaume, Bar-le-Duc, Bar-sur-Aube, Bar-sur-

Seine, Barcelonnette, Barjols, Barr, à la Bassée, à Bastia, à la
Bastide-Clarence, à Baugé, Bavay, Bayeux, Bayonne, Bazas,
Beaugency, Beaujeu, Beaulieu, Beaume-les-Dames, Beaumont-
les-Nonains, Beaune, Beauvais, Bedarieux, Belfort, Bellay,
Belle-Isle-en-Terre, Benfeld, Bergerac, Bergues, Berlaimont,
Bersée (Nord), à Besançon, Besiers, Bernay, Bethune, Bischwiller,
Bize (Aude), au Blanc, à Blamont, Blagny, Blaye, Bolbec,
Bordeaux, Bouchain, Boulay (Moselle), Bourg, Bourges, Bourgueil,
Boulogne, Bourbonne-les-Bains, Bourbon-l'Archambault, Bourg-
St-Andéol, Bouxwiller, Bracon (Jura), Branthôme, Bressuire,
Brest, Bretteville-sur-Laize (Calvados), Briançon (Jura), Brioude,
Briéy, Brignoles, Brives, Buzancy (Ardennes).

Il en est encore à Cahors, Cambo, Cambray, Campagne
(Ariège), Condé, à la Canourgue, à Carhaix, Carcassonne, Car-
pentras, Carignan, Carvin, Cassel, Castel - Morin, Castres,
Castillon, Caudebec, Cannes, Cavaillon, Chalais (Charente),
Chalonne-sur-Loire, Chalons-sur-Saône, Chalons - sur-Marne,
Chambon, Champagny, Champagnoles, Champange (Cher),
Champdeniers, Charleville, Charlieu, Charmes-sur-Moselle,
Chartres, Châteaubriant, Château - Gontier, Château-du-Loir,
Châteaudun, Château-la-Vallière, Château-Porçien, Château-Re-
nault, Châteauroux, Château-Salins, Château-Thierry, Châtel-
sur-Meuse, à la Châtre, à Châtelleraut, Châtillon-sur-Saône,
Chaumont, Chautelaudren, Chaylar, Chemillé, Chinon, Clervaux,
à la Clayette, à la Civray, Clamecy, Clermont, Clermont-Ferrand,
Cluni, Colmar, Comines, Commercy, Compiègne, Conches, Condé-
sur-Noireau, Conlie (Sarthe), Condom, Cordes, Cosne, Côte Saint-
André, Cotignac, Couchy-le-Château, Coulommiers, Coulonges,

Counozoles (Aude), Courtenay, Courville, Couterne (Orne), Craon, Crest, Creuilly, Cusset, Cysoing (Nord).

Nommons aussi Damblim, Dax, Decise, Desvres, Dieppe, Dié, Dieuze, Dijon, Dinan, Dol, Dôle, Domard, Donzy, Dormans, Dortan, Douay, Doué, Doullens, Draguignan, Dreux, Dunkerque, Duras, à Écouché (Orne), Epernay, Epinal, Ernée, Espalion, Esquelbec, Estaire, Etampes, Etroeungt (Nord), Eu, Evreux, Evron, Eymoutiers, Falaise, Faulquemont, Fécamp, Felletin, Fenain, Fenétrange, la Fère, Ferrière-sur-Isle, Ferrière (Loiret), la Ferté-Bernard, la Ferté-Milon, Fervaques, Figeac, Fismes, la Flèche, Fletre (Nord), Fleurence, Florac, Foix, Foncine-le-Bas, Fontainebleau, Fontenay, Fontoy, Forbach, Fouilloy, Fougères, Fourmies, Frelinghen, Fresnay-le-Suceux, Fresnay-sur-Sarthe, Frevent.

On prépare aussi la peau ou le cuir à Gabian, Gacé, Gaillac, Ganges, Gap, Gennes, Gerbevilliers, Givry, Gex, à la Glacière, à Gouesnou, Grandpré, Gianchet (Tarn), Gentilly, Gien, Givet, Grasse, Gravelines, Gray, Guebwiller, Grenoble, Guines, Guingamp, Guise, Gy (Haute-Saône), Hasparren (Basses-Pyrénées), Haguenau, Ham, au Havre, à Hazebrouck, Hennebon, Henrichemont, Héricourt, Hirson, Hesdin, Hondskoote, Honfleur, Houplines (Nord), à Illkirch, Isle-Bouchard, Isle-en-Jourdain, Issoudun, Jouy, Jargeau, Joigny, Joinville, Jonzac, Jougnes, Jugon (Côtes du-Nord), Jussey, à la Charité, Laigle, Laignes, Lamballe, Lambezellec, Landerneau, Lampaul, Landivisiau, Landrecies, Langon, Langres, Lannion, Lannoy, Laon, Lassey, Lauterbourg, Lauvallière, Laval, Lavelanet, Levroux, Lens, Léran, Libourne, Liesse, Ligueil, Ligny, Lille, Lillers, Limoges, Limoux, Livarot, Livré,

Lizieux, Loches, Lonjumeaux, Longwy, Lons-le-Saulnier, Lorient, Lorquin, Loudun, Louhans, Louviers, au Luc, au Lude, à Lunéville, Luzy, Lyon, Lyons-Laforest, Mâcon, à la Magdeleine (Nord), à Malestroit, Malsherbes, Manosque, au Mans, à Mansle, Mantes, Marle, Marmande, Marchiennes, Maroiles, Marquise (Pas-de-Calais), Marseille, Marseille-Oise, Martigné, Marvejols, Marville, Massevaux, Maubeuge, Maurs (Cantal), Mazères, Mayenne, Meaux, Melle, Mer (L.-et-Cher), Meru, Meslay, Mesle-sur-Sarthe, Metz, Meung, Mezin, Milhau, Mirande, Mirecourt, Molsheim, Montargis, Montbazon, Montbrison, Montdoubleau, Montbéliard, Moncontour, Montauban, Mont-de-Marsan, Montbar, Montebourg (Manche), Montélimart (Drôme), Montfort-sur-Meu, Montmédy, Montdidier, Montguyon, Montluçon, Montignac, Montmirail, Montmorillon, Montpellier, Montpont, Montrejeau, Montreuil-sous-Bois, Morez, Morhange, Morlaix, Mortagne, Morteau, à la Mothe-St-Heraye, à Moulins, Moulins-Engilbert, Mouthe (Doubs), Mouzon, Mulhouse, Mutzig.

N'oublions pas non plus Nancy, Nantes, Nanteuil-en-Vallès, Napoléonville, Nay (Basses-Pyrénées), Nérondes, Nantua, Nemours, Neufchâteau, Neufchâtel, Neuilly-St-Front, Nîmes, Niort, Nogent-sur-Marne, Nogent-le-Rotrou, Noyon, Nozeroy, Obernay, Oloron, Orbais, Orchies, Orgelet, Orléans, Ornans, Orthez, Paimbœuf, Parthenay, Pas (Pas-de-Calais), Pau, Pecq, Périgueux, Péronne, Perpignan, Pézenas, Pfaffkoffen, Pierrefitte, Pithiviers, les Planchers (Jura), Plancoet, Poitiers, Poligny, Pons, Pont-à-Marcq, Pont-Audemer, Pont-à-Mousson, Pont-de-Veyle, Pont-de-Roide, Pont-St-Maxence, Pont-St-Vincent, Pontarlier, Pontorson, Prades, Précy-sous-Thil, Privas, Provins, Puceul (Loire-

Inférieure), Puttelange, le Puy, Puy-la-Roque, le Quesnoy, le Quesnoy-sur-Deule, Questembert, Quimperlé, Quingey, Quissac, Rambervilliers, Randon, Redon. Reischoffen, Reims, Remiremont, Rennes, la Réole, Rethel, Ribeauvilliers, Ribemont, Riberac, le Riceys, Riez, Riom, Rive-de-Giers, Rivière-Thibouville, Roanne, la Roche-Derien, la Rochechalais, Rochefort, la Rochefoucault, Rodemack (Moselle), Rodez, Rollot, Romans, Romorantin, Roquebron, Roubaix, Rouen, Roye, Ruffec, Rully.

Il y a enfin des exploitations à Saar-Union, Sablé, Sainte-Affrique, St-Aignan, St-Amant de Boixe, Saint-Amant (Nord), Saint-Ambroix, Saint-Amour, Saint-Antonin, Saint-Astier, Saint-Avold, Saint-Benoist-du-Saut, Saint-Bonnet-du-Jour, Saint-Brieuc, Saint-Chamond, Saint-Chely-d'Apchier, Saint-Chinian, Saint-Claude, Saint-Cloud (Charente), Saint-Cyprien, Saint-Dizier, Saint-Domineuc, à Sainte-Foy-la-Grande, à Saint-Flour, Saint-Gauthier, Saint-Gengoux-le-Royal, Saint-Geniez, Saint-Georges-d'Aulnay, Saint-Germain (Charente), Saint-Germain-en-Laye, Saint-Hilaire-des-Landes, Saint-Hilaire-du-Harcoet, Saint-Hypolite, Saint-Jean-d'Angely, Saint-Jean-Pied-de-Port, Saint-Jouan-de-l'Isle, Saint-Julien, Saint-Junien, Saint-Léonard, Saint-Lô, Saint-Loup, Saint-Mamert, à Saint-Malo, à Sainte-Marie-aux-Mines, Saint Meen, Saint-Mihiel, Saint-Nicolas-du-Port, Saint-Omer, Saint-Ouen-des-Alleux, Saint-Ouen-des-Toits, Saint-Palais, Saint-Pardoux, Saint-Paul-de-Lizonne, Saint-Paul (Pyrénées-Orientales), Saint-Pierre-sur-Dives, Saint-Pierre-Eglise (Manche), Saint-Pierre-lez-Calais, Saint-Pol, Saint-Pons, Saint-Pourçain, Saint-Quentin, Saint-Remy, Saint-Saens, Saint-Symphorien, Saint-Vallier,

St-Vincent, Sainte-Radegonde, à Saintes, Salins, Salviac, Samer, Sancoins, au Sap (Orne), à Sarlat, Sarrebourg, Sarguemines, Saulieu, Saumur, Saverne, Schelestadt, Seclin, Sedan, Séez, Segré, Selongey, Semur, Senlis, Sens, Sermaize, Sezanne, Sierck, Sillé-le-Guillaume, Soissons, Sollesmes, Solliés-Pont (Var), à Solre-le-Château (Nord), Sommières, Souillac, Steenwerk, Steenvoorde, Strasbourg, à la Suze, à Surgères, Suippes, Tannay, Tarare, Tarascon, Tarbes, Taulignan, Thann, Thiers, Thionville, Thoissey, Thumeries, Thury-Harcourt, Tilly-sur-Seine, Tinteniac, Tonnay, Tonneins, Thorigny, Toucy, Toul, Toulouse, Tournon, Tournus, Tarascon, Treguier, Trelon, Tremblay, Trévaux, à la Tronche (Isère), à Troyes, Tullins, Uckhange (Moselle), Valence, Valence-d'Agen, Valenciennes, Valognes, Vannes, Varennes, Varzy, Vassy, Vatan, Vaubecourt, Vaucouleurs, Vendeuvre, Vendôme, Verdun, Vergaville (Meurthe), Vernon, Vernais, Versailles, Verteuil, Vervins, Vesoul, Viselize, Vic-Fezensac, Vic-en-Bigorre, Vienne, au Vigan, à Vigny, Ville (Bas-Rhin), Villedieu-les-Poêles, à Villefort, Villefranche (Aveyron), Villefranche (Rhône), Villefranche (Haute-Garonne), Villegongis, Villenauxe, Villeneuve-de-Berg, Villeneuve-le-Roi, Villeneuve-sur-Lot, à la Villette, à Vimoutiers, Vire, Vitré, Vitry-le-Français, Voiron, Vouziers, Wambrechies, Wasselonne, Wazemmes, Wimille, Wissembourg et Wœrth, sans compter les exploitations de détail que nous pouvons oublier.

La seule ville de Paris contient cinquante-cinq grands tanneurs.

275 Corroyeurs notables.

47 Mégissiers.

28 Peaussiers commissionnaires.

75 Peaussiers simples.

38 Fabricants de cuirs vernis.

32 Commissionnaires en cuirs.

15 Fabricants de cuirs à rasoirs

3 De cuirs en relief.

Cette même seule ville nourrit, parmi les professions qui se servent du cuir comme matière première :

1025 Maîtres bottiers ou cordonniers notables.

607 Fabricants de chaussures pour dames.

547 Selliers et carrossiers.

45 Fabricants de visières et brides.

140 Ceinturonniers.

507 Malletiers, coffretiers et emballeurs.

65 Culottiers.

400 Gantiers, etc., etc.

Le nombre des ouvriers employés par ces divers patrons n'a pas encore été recensé d'une manière exacte.

Nous manquons aussi d'éléments pour apprécier en chiffres l'importance financière de cette industrie et des commerces qui s'y rattachent. cependant nous pourrons puiser dans les statistiques intérieures et dans le tableau de nos exportations et de notre cabotage, quelques données précieuses.

Ainsi, la commission française de l'exposition de Londres, dans l'introduction de son travail d'appréciation, estime à 3,700,000 têtes par année, l'abatage de la race bovine.

En décomposant ce nombre, dit le rapporteur, on trouve en chiffres ronds que la France abat annuellement environ :

1° 600,000 bœufs ou taureaux, valant en moyenne, y compris la fabrication à 50 fr. la pièce . . . . 30,000,000 f.

2° 2,200,000 veaux, qui vernis, cirés ou chamoisés, à 6 fr. la pièce, en moyenne font 13,200,000

3° 1,000,000 de vaches, qui tannées et corroyées, à 25 fr. la pièce, font 25,000,000

4° 400,000 cuirs de chevaux abattus, valant corroyés 16 à 17 fr. la pièce, ci . . . 6,800,000

La France tire de plus de l'étranger chaque année pour environ 28 millions de cuirs bruts de toutes sortes, qui doublés de valeur par la fabrication, produisent. 56,000,000

La commission estime de plus :

1° 6,000,000 à 7,000,000 de moutons abattus, à 1 fr. 50 la pièce, ci 10,000,000

2° Les chèvres, chevreaux, agneaux, porcs, tannés, mégissés ou maroquinés, faisant . . 7,000,000

3° Les débris, tels que poils, colle, cornes et crins 4,000,000

Ce qui forme pour la tannerie, la corroierie, la mégisserie, etc., etc. 152,000,000

Auxquels cent cinquante-deux millions, il faut ajouter huit millions de pelleteries.

Mais cette estimation de la commission française du jury de Londres est bien évidemment très fort au-dessous de la vérité. Il suffit, pour le démontrer, de se rappeler que la France exporte chaque année environ pour 40 millions de francs de peaux ouvrées, et pour 20 ou 25 millions de peaux tannées, vernissées et corroyées, dont nous donnons le détail au Chapitre II. Il resterait donc pour la consommation intérieure de la France seulement 100 millons de cuirs et peaux, ce qui donnerait pour chaque Français à peine pour 3 francs de peau ou de cuir par an. Or, nous savons tous que chaque individu chez nous en use beaucoup plus. Ainsi, en moyenne, infanterie et cavalerie, un soldat en emploie pour près de 30 francs, suivant le chiffre le plus bas. D'une autre part, il n'est pas de bourgeois ou d'ouvrier qui n'use au moins quatre paires de chaussures par an. Les enfants en emploient plus que les grandes personnes. Les paysans qui ne portent que des sabots ne sont pas en majorité, et emploient en outre le cuir sous d'autres formes que la chaussure, comme brides, attaches, courroies, etc., etc.

Il est donc bien évident que la commission du jury de Londres a été de beaucoup au-dessous du chiffre réel de l'industrie des cuirs en France. En élevant son estimation au double, cela ne donnerait pas encore 20,000 francs d'affaires par an pour chacun des industriels intéressés à cette industrie, évaluation évidemment tout-à-fait insuffisante. Ceux qui, comme nous, sont au courant des prix des cuirs ont vu au premier coup d'œil, de combien les estimations de la valeur moyenne des peaux de bœufs, veaux, vaches et chevaux sont au-dessous de la vérité.

Quoiqu'il en soit, ces divers aperçus démontrent qu'il est peu de commerce plus important que celui que compose la branche des cuirs et des peaux.

C'est cette industrie, si véritablement incommensurable, que nous venons révolutionner ou plutôt régénérer par les moyens les plus simples. Au moment où tout le monde parle de bon marché, où les mots de vie, de produits à bon marché retentissent de toutes parts, nous venons apporter, dans la préparation des cuirs et des peaux, l'économie des procédés, la célérité de la main-d'œuvre, la précision de la fabrication.

CHAPITRE II.

**Législation du commerce des Cuirs,
le décret du 9 janvier.
Sa portée.
Nécessité pour la Tannerie de faire des progrès.**

On voit, par ce que nous venons de dire, combien sont considérables l'importance et l'étendue de la branche commerciale des cuirs. Cependant, jusqu'à présent la grande série d'industries qui s'y rattachent a formé comme un monde à part. C'est à peine si la science, qui s'est préoccupée de tant d'autres industries, qui les a vivifiées, qui a suscité chez elles de si grands progrès, a quelquefois daigné pénétrer dans le vaste domaine de la préparation des cuirs, et quand elle y a pénétré, elle n'a pas toujours été très heureuse dans ses résultats. Elle s'est imaginé à tort que le cuir pouvait être traité par les premiers agents chimiques venus. Elle ne s'est pas rappelé que c'était une matière animale, et par conséquent d'un traitement extrêmement difficile. Elle y a appliqué de puissants réactifs, surtout des acides qui ont altéré les qualités, sans produire beaucoup d'économie de temps. Ces essais dangereux ou infructueux ont influé d'une manière fâcheuse sur la masse générale des industriels du cuir, qui se sont dit : à quoi bon quitter les vieilles méthodes de nos pères, puisque la science fait moins bien que nous. Du temps, de l'écorce, de l'argent, voilà tout ce qu'il nous faut !

D'un autre côté, la préparation des cuirs est peut-être l'industrie dont le public, les gens du monde et le journalisme qui popularise tout, se sont le moins occupés. La soie, le coton, les laines, les sucres ont été les sujets de milliers de volumes et d'un plus grand nombre encore d'articles de journaux ou de revues et de brochures. On a vulgarisé les questions qui s'y rattachent. On les a débattues et redébattues dans les assemblées politiques, dans les académies, dans les sociétés industrielles. On a laissé les cuirs de côté. Il semble à beaucoup de personnes que le cuir, qui sert à la confection de tant d'objets de première nécessité, naisse tout préparé et qu'il n'y ait pour le transformer en ces objets qu'à en dépouiller les animaux. Beaucoup de cordonniers et de selliers d'ailleurs très experts, nous ont avoué n'être jamais entrés dans une tannerie et ignorer les diverses modifications par lesquelles passe le cuir avant d'arriver dans leurs mains.

Après cela, il ne faut pas s'étonner si l'industrie des cuirs, tout en se remuant beaucoup, en faisant appel à des nouveautés sans nombre, n'a pas été entrainée en avant par les grands progrès qui ont signalé les autres industries, dans ce siècle éminemment progressif.

Le gouvernement, qui, par l'innombrable quantité de cuirs et de peaux dont il a besoin pour les différents services de l'Etat, est mieux à même d'apprécier l'importance de l'industrie dont il est ici question, le gouvernement seul la protége avec sollicitude, comme la loi des douanes en fait foi.

Ainsi, le dernier tarif était combiné de façon à protéger à la fois les producteurs français quant aux différentes sortes de bétail qui fournissent les cuirs et les peaux, et à développer bien plus encore la préparation et la fabrication. Fournir des matières premières presque franches de droit à la tannerie, et la protéger en empêchant les produits préparés des autres pays producteurs de venir faire concurrence aux nôtres sur notre propre marché, tel était le double principe de la législation.

Par exemple, les peaux brutes fraîches de grande dimension, venant par mer sur des navires français, ne paient que 10 centimes d'entrée pour 100 kilogrammes quand elles sont originaires des pays hors d'Europe, 4 fr. 50 c. quand elles sont apportées par des navires étrangers, et 3 fr. 50 c. quand elles viennent des contrées européennes. **Au** contraire, à leur sortie, afin que notre marché de matières premières ne soit pas appauvri, les droits s'élèvent jusqu'à 16 francs. Les peaux brutes sèches paient encore moins que les précédentes à l'entrée, pourvu qu'elles viennent en droiture, par navires français, des contrées situées à l'ouest du cap Horn. Quant aux petites peaux brutes, beaucoup plus communes en France que les grandes, elles avaient moins besoin d'être favorisées, aussi paient-elles à la fois plus à l'entrée et plus à la sortie. Le droit qu'elles soldent dans le premier cas est de 10 p. 0/0 de leur valeur, et, dans le second, de 46 fr. les 100 kilog. On voit par là que le législateur a voulu attirer les cuirs et les peaux en France sans trop de préjudice pour nos éleveurs de bestiaux, et les empêcher de sortir autrement qu'ouvrés.

En effet, ouvrés, cuirs et peaux ne paient rien ou à peu près rien à la sortie. Au contraire, avant le décret du 9 janvier 1856, dans cet état, leur entrée était complètement prohibée. Il n'y avait d'exception que pour les peaux d'agneaux et de chevreaux en poils, que pour les veaux odorants, dits cuirs de Russie, qui paient 5 fr. par pièce et pour la plupart des pelleteries. Le motif de cette exception est que la France ne produit que peu de ces dernières. Leur entrée ne faisant tort à personne, par conséquent aussi les peaux de lion, d'ours, de léopard, etc., ne paient-elles guère au-delà d'un franc.

Le décret du 9 janvier dernier, qui a changé une partie de cette législation, a été motivé par la rareté de plus en plus grande des peaux et des cuirs ouvrés sur nos marchés, et par la difficulté de l'exécution des fournitures soumissionnées par les cordonniers, les selliers et harnacheurs. Ceux-ci se plaignant du haut prix des marchandises, s'autorisant de ce haut prix pour justifier leurs retards, on a voulu leur ôter ce motif de plainte. On a voulu aussi aiguillonner la tannerie française en lui montrant la concurrence étrangère prête à venir lui disputer le marché, si elle continuait à ne pas suffire aux besoins nationaux. Tel est l'esprit du décret du 9 janvier, dont voici la teneur :

Art. 1er. Jusqu'à ce qu'il en soit autrement ordonné, les droits à l'importation des peaux préparées sont établis ainsi qu'il est indiqué ci-après :

Peaux préparées				fr. (les 100 kilogr.)
au tan	Simplement tannées pour semelles ou pour toute autre destination	Du porc		200
		Autres	grandes	45
			petites	120
	Corroyées	pour tiges de bottes (avant-pieds, derrières et devants)		200
		autres		100
à l'alun	Hongroyées			40
	Mégissées			50

Ne seront considérées comme petites peaux que celles qui pèsent moins d'un kilogramme.

Ce décret, essentiellement transitoire, doit donner extrêmement à penser à nos tanneurs : il montre que le gouvernement n'est pas disposé à sacrifier longtemps les intérêts généraux aux intérêts particuliers. Il veut évidemment que la peau et le cuir ouvrés deviennent à bas prix dans notre pays. Le décret du 9 janvier est un avertissement sérieux donné par l'état à toutes les industries qui sont intéressées à la préparation des peaux et des cuirs. Il nous semble surtout que rendu à la suite de l'Exposition universelle, il a une grande signification. Nous croyons entendre le gouvernement dire à nos tanneurs, à nos corroyeurs, à nos mégissiers, etc., etc. : Sortez de vos routines, fabriquez plus vite et plus économiquement. Le pays a de très grands besoins qu'il faut satisfaire. Vous avez la faculté d'acheter en franchise les matières premières au dehors. Si la France ne vous en donne pas assez , allez à Buenos-Ayres, allez sur les marchés américains ; apportez les peaux et les cuirs bruts en grande quantité , nous ne demandons pas mieux ; mais ayez recours à des procédés rapides , économiques qui nous donnent la peau et le cuir ouvrés au meilleur marché possible, qui suffisent aux nécessités du pays, à celles de l'armée, qui permettent aux entrepreneurs de tenir leurs soumissions , autrement je serai obligé d'avoir recours à l'étranger. Je vous en avertis, et pour vous prouver que la menace ne sera pas vaine, déjà je prends des mesures transitoires : je lève les prohibitions, je les remplace par des droits différentiels , et, si ce premier pas ne suffit pas , j'irai plus loin , je réduirai ces droits. Il faut absolument que la peau et le cuir baissent de prix en France et que la production réponde à la consommation.

Ces paroles qu'il nous semble entendre sortir de la bouche de l'Etat, nous paraissent aussi justes que sages. C'est pour entrer dans leur esprit, c'est pour aider à donner un élan puissant à la fabrication que nous appelons à nous les esprits jeunes et actifs. C'est à eux, c'est au gouvernement, c'est aux capitalistes qui, jusqu'ici, ont laissé le commerce des cuirs à son isolement, que nous dédions ces observations. C'est pour eux que nous publions en partie les procédés qui vont suivre, procédés nouveaux, rationnels, seuls capables de mettre en France la production au niveau de la consommation, de faire baisser les prix, d'attirer dans notre pays pour ainsi dire tout le trop plein des peaux et des cuirs bruts du monde entier, qui pourront y être tannées en peu de temps et à des prix bien moindres que par les anciennes méthodes et être réexpédiés ensuite, si besoin est.

Au reste, voici le tableau de nos exportations prises sur une année moyenne. On verra, par le nom des pays et les quantités exportées, tout ce qui reste encore à faire.

EXPORTATION FRANÇAISE DES PEAUX ET CUIRS

PRÉPARÉS

DANS L'ANNÉE MOYENNE 1853.

Peaux d'agneaux et de chevreau, en poils, en confit et en mégie.

Association allemande. . . . . 4,330 fr.
Angleterre 7,275
Martinique 2,775
Autres pays 7,351

Parchemin et vélin brut et achevé.

En tout 3,749 kilog. valant 14,980 fr., dont les Etats Sardes reçoivent 1812 kilog. à eux seuls.

Grandes peaux tannées pour semelles.

Association allemande	26,534 kilog.
Angleterre	169,602
Autriche.	5,508
Etats Sardes	58,151
Suisse	22,932
Grèce.	20,222
Turquie	338,457
Egypte	9,106
Etats barbaresques	11,324
Algérie	149,585
Martinique	6,445
Autres pays.	10,534

En tout 878,218 kilogrammes, évalués en valeur officielle à 3,206,970 francs.

Peaux pour la Ganterie.

En tout 86,212 kilogrammes, évalués en valeur actuelle à 4,051,964 fr.

Peaux tannées ou corroyées.

Norvége.	33,802 kilog.
Association allemande	33,939
Belgique.	74,393
Angleterre	1,269,882
Deux-Siciles	51,698
Espagne.	23,851
Etats Sardes	157,091
Toscane.	49,181
Suisse	100,583
Grèce.	16,724
Turquie	75,764
Etats-Unis. O. A.	349,447
Venezuela	13,493
Brésil.	52,170
R. de la Plata	31,897
Chili	33,028
Pérou	20,098
Cuba et P. R.	30,317
Algérie	157,095
Martinique	18,386
Autres pays.	103,355

En tout 2,696,160 kilogrammes, valant en valeurs actuelles, 19,435,125 fr.

Peaux mégissées et chamoisées.

En tout, 34,192 kilog. estimés entre 181,000 et 188,000 francs.

Peaux préparées, maroquinées ou vernissées.

Association allemande.	4,425 kilog.
Belgique.	39,062
Angleterre	107,288
Espagne.	15,150
Etats Sardes	14,968
Suisse.	17,433
Turquie	9,446
Etats-Unis	662,569
Mexique	19,697
Nouvelle Grenade	7,782
Venuezela	5,355
Bresil.	70,659
Uraguay.	16,248
R. de la Plata	38,996
Chili	31,969
Perou.	15,745
Cuba et Porto-Rico	62,414
Saint-Thomas	7,762
Martinique	7,029
Réunion.	6,167
Autres pays.	30,270

En tout 1,190,144 kilogrammes évalués ensemble entre 8 et 10 millions.

Il convient d'ajouter au chiffre de ces exportations de notre commerce de peaux préparées et ouvrées, les renseignements sur les exportations des ouvrages en peau ou en cuir sortis de nos ateliers ou de nos fabriques. Cette exportation est beaucoup plus considérable que la première.

Ainsi en 1853, la ganterie s'est élevée à plus de 34,000,000 de francs. L'Angleterre seule a acheté plus de 154,000 kil. de nos gants et les Etats-Unis en ont acheté plus de 100 mille. La sellerie grosse et fine a exporté pour près de 4,500,000 francs, et les ouvrages divers en cuir ont été exportés par masses montant à plus de 27,000,000 de francs.

Malgré l'élévation de ce chiffre, tout le monde sera d'accord qu'il reste beaucoup à faire.

CHAPITRE III.

Coup-d'œil rétrospectif
sur la Tannerie,
son histoire, anciens procédés.

On s'accorde généralement à regarder la préparation des peaux et des cuirs comme l'un des arts les plus antiques dont l'homme soit en possession. Les plus anciens monuments de l'histoire et de la littérature nous montrent l'homme se couvrant de la dépouille des animaux. Esaü, dans la Bible, est couvert de peaux de bêtes ; Hercule, dans la Fable, porte la dépouille du lion de Némée. Tous les héros d'Homère se couvrent de boucliers formés de plusieurs cuirs fixés les uns sur les autres. Diverses nations se servent, à l'origine de leurs civilisations, de la peau et du cuir pour toutes sortes d'usages. Les Gaulois, au rapport de César, font avec des peaux les voiles de leurs bâtiments. D'autres renferment dans des outres les boissons dont ils font usage. Les cordes des arcs sont également préparées avec les nerfs des animaux. Les riches baudriers des Romains , les fins parchemins de Pergame , les magnifiques tapis de fourrures décrits dans l'Histoire des Césars , les manuscrits dont parle Cicéron , une foule d'autres circonstances attestent que dans l'antiquité l'art de la préparation des cuirs et des peaux, avec ou sans leurs poils, fut porté au plus haut degré.

Les barbares qui se jetèrent sur l'empire romain et qui y fondèrent un nouvel ordre de chose, connaissaient également cet art; les peaux et les cuirs faisaient leur principal vêtement. Cet art fut également très brillant au moyen-âge; il suffit de parcourir les monuments de l'époque pour s'en convaincre. Les fourrures sont le signe des distinctions dans les habits de ville ; le cuir entre dans l'habillement de guerre. Les réglements et les lois s'occupent sans cesse de la peau et du cuir. On a ceux de St. Louis dans le Livre des Métiers, ce sont les premiers connus ; ils précèdent de cent ans ceux de Philippe de Valois, qui sont donnés à tort par le rédacteur du rapport de la Commission de Londres comme les plus anciens.

On voit , par les ordonnances de St. Louis , l'importance que l'on attachait aux arts dont nous nous occupons. Ainsi , les « escorcheurs de la ville de Paris sont exempts du guet ainsi

que les haubergiers , buffetiers , conreeurs de robes vaires, con-
reeurs de cordouan. » Les cinq métiers suivants assavoir, comme
dit l'ordonnance, « tenneurs, baudrayers, sueurs, mesgeissiers ,
bourriers de cuir à alun» ont également des priviléges. Le Registre
des Métiers et Marchandises d'Etienne Boileau, contient sous le
titre LXXXVII le réglement des corroiers (corroyeurs).

« Nus corroiers, y est-il dit, ne doit ouvrer de nuiz.

» Nus corroiers ne doit ouvrer en feste, etc., etc.

» Nus ne peut ouvrer à chandoile.

» Nus corroyers ne doit faire corroier de ij pièces, quar èles ne
» sunt ne bones ne loiaus ; et se il le fait les corroies doivent être
» arses (brûlés). »

Le titre LXXIII du même registre contient le réglement des
baudroiers ou appréteurs de cuirs épais. Il y est dit :

« Nus baudroier ne peut ne ne doit ouvrer de sui (1) en son
» métier, car l'œuvre de leur métier conrée de cuir n'est ne bon
» ne léal et doit être arse, etc.

» Nus baudroier ne peut ne ne doit ouvrer de nuit, car la clartez
» de la nuit ne souffit pas à ouvrer de leur mestier. »

Le même livre parle des cuirierès de sèles, des séliers, des bor-
reliers , et de plusieurs autres métiers se rapportant au cuir.
Tous sont l'objet de la sollicitude de l'autorité , tous sont as
treints à des conditions de travail très remarquables.

Après les réglements de St. Louis, on cite ceux de Philippe de
Valois , cent ans plus tard. Ces derniers prescrivent des **mesures**

---

(1) Travailler avec du suif.

rigoureuses contre les tanneurs de mauvaise foi. Le cuir « mal conroié peut être ars devant leur maison ».

On voit aussi à cette époque, par la grande quantité des corporations qui vivaient du cuir, l'immense consommation que la civilisation du moyen-âge en faisait sous toutes les formes. Le fisc, profitant de cette consommation, taxait presque partout à l'entrée des villes ce que l'on appelait alors « le cuir à poil, » et s'en faisait un gros revenu.

« Premièrement, dit une des ordonnance de St. Louis, le lot
» qui tient ij⁰ cuirs doit de hebergage seize deniers, et en foire le
» lot ij sol.

» Item se l'on veut nulz cuirs le vendeur en doit pour son
» vendre de chacun lot iiij deniers et l'achetteur vj den., s'il
» envoie les cuirs par terre.

» Item se l'achetteur envoie les cuirs qu'il aura achettez, par
» eau devra-il vij den. du lot et le vendeur iiij den.

» Se le achetteur achète cuirs en foire, il en devra, si les en-
» voye par terre x den. et s'il les envoye par eau, il en devra de
» chacun lot ij den. ; et se il achette en foire, il en devra de cha-
» cun lot iiij den. »

Ces exigences du fisc à l'égard des cuirs ne firent qu'aller en augmentant, et d'après le texte que nous venons de citer, on voit dans quelle erreur est tombée la Commission de Londres quand elle a placé à l'an 1655 le commencement des impôts sur les cuirs.

Nous ne savons pas non plus ce qui autorise cette commission à dire que la tannerie vécut longtemps d'abus. Il suffit de se rendre compte du rôle que le cuir jouait dans l'économie domestique d'alors pour éloigner toute idée de fraude de la part des tanneurs et corroyeurs. Ils ne pouvaient évidemment livrer que des cuirs de bonne qualité, eu égard à l'époque, et les textes sur lesquels on s'appuie pour les taxer de fraude, sont communs à tous les métiers desquels on exigeait les plus grands soins et la plus grande probité.

Mais ce qu'il y a de plus plaisant, c'est que la Commission française de Londres cite comme ayant été rendue par Henri iv, une ordonnance sur les cuirs qu'elle date de 1585. Or, tout le monde sait que Henri iv n'arriva au trône que postérieurement à cette date. « Malgré toutes ces précautions, dit le rapporteur, M. Fauler, il paraît que les abus continuèrent, car, en 1585 (sic), Henri iv, voulant aussi les réprimer, publia un édit ordonnant que dans toutes les villes et bourgs il serait établi des halles et marchés dans lesquels seraient apportés les cuirs pour y être marqués, après avoir été préalablement visités par les maitres, gardes et jurés, « étant notoire, dit l'ordonnance, qu'en toutes choses nécessaires à l'entretiennement des hommes, les cuirs à faire les souliers et autres ouvrages est une des principales, étant impossible de s'en passer, non plus que des vivres et aliments, que les tanneurs et les mégissiers commettent de si grands abus à l'appareil d'iceluy, que le public en souffre grand détriment. »

D'après le style et l'orthographe de ce texte, nous avons lieu de croire qu'il n'est pas plus exact que la date de 1585 se rapportant à Henri iv, qui ne fut couronné roi de France qu'en 1589. La Commission ne dit pas d'ailleurs d'où ce texte est tiré.

La marque des cuirs fut tout bonnement, selon nous, une mesure de fiscalité. La monarchie, malheureusement, ne respecta sous le rapport de l'impôt aucune industrie ; elle fit rendre au cuir tout ce qu'il pouvait rendre. Sous prétexte d'abolir une foule de péages et de droits différents que supportaient les peaux et les cuirs, on établit, en 1759, une régie générale qui alla, de tannerie en tannerie, de corroierie en corroierie, vérifier et marquer les cuirs. Une foule d'industriels ne purent subir cet état de choses, et, si l'on en croit la Commission de Londres, le nombre des tanneurs notables, de 1759 à 1775, diminua des trois quarts.

La révolution abolit cette insupportable régie des cuirs. Elle fit plus ; en déclarant la guerre à l'Europe, elle mit la France dans la nécessité de se suffire à elle-même dans cette branche d'industrie comme dans toutes les autres ; c'est de cette époque où les tanneries françaises, obligées de parer aux besoins des armées, tentèrent les plus puissants efforts, que datent les recherches scientifiques sur les améliorations à introduire dans les anciens procédés. C'est depuis lors que l'on s'adressa à toutes les substances pour obtenir, soit l'accélération, soit le perfectionnement du tannage, aux acides, à la chaleur, au battage, à la vapeur, à mille et mille substances végétales, au cachou, à la krumeria, à la noix de galles, aux ognons de scille, au sumac, aux clous de giroffle, au thé noir, au thé vert, aux écorces de winter et à une foule d'écorces différentes. On interrogea, pour ainsi dire, l'une après l'autre toutes les espèces végétales. On compara les procédés des différents pays, on expérimenta les tannages à l'orge, au seigle, au sucre, au suif, etc., etc., etc. ; on eût volontiers remis sur le tapis le procédé des Kalmouks, à la fiente d'animaux et au lait aigri. On fit également appel à toutes sortes de combinaisons. Il parut consécutivement des centaines de systèmes, et pas une année ne passa sans qu'un nouveau brevet ne fût pris.

Dans l'impossibilité où nous sommes d'analyser ces diffé-
rents essais , nous nous bornerons à citer les principaux , autant
que possible, par ordre de date, ce sera, pour ainsi dire, la chrono-
logie de la tannerie depuis la révolution.

1790 — Tannage en grand des peaux de chevaux , jusqu'alors
négligées.

1793 — Méthode de Séguin, par les acides. Machines à écharner
du même.

1797 — Premiers essais du maroquinage en France, par MM.
Fauler et Kemph.

1804 — Procédé anglais. Décoction de l'écorce de chêne.

1809 — Machine à refendre les cuirs de Degrand.

1810 — Perkins. Machine à créper et donner le grain.

1812 — Procédés de Gettliffe père et fils pour le chauffage des
fosses.

1813 — Monnier et Ray. Machines à fouler les cuirs.

1817 — Tannage des peaux de jambes de mouton destinées aux
tubes des cylindres des fabriques.

1826 — Poole. Tannage par la pression.

1827 — Essais de tannage de la peau humaine, par les frères
Normandin.

1829 — Nachette. Tannage au marc de raisin.

1833 — Leprieur. Tannage par la saturnation et diverses sortes
de jus.

1838 — Tannage des cuirs forts par Sterlingue , mécanisme de
Farcot.

1840 — Machine à parer les cuirs de Debergue.

1840 — Procédés Vauquelin , pour préparation préalable au tannage.

1842 — Machine à battre les cuirs de Flottard et Delbut.

1842 — Mécanisme de Berendorf et Farcot.

1842 — Procédé par la filtration forcée de Valery Hannove.

1842 — Système de Rotch, par l'absorption et l'évaporation.

1842 — Tannage économique et continu de MM. Béranger et Sterlingue.

1843 — Corniquet. Tannage à la pomme de pin.

1844 — Hossiter. Système des claies ou de la séparation des cuirs.

1844 — Squire. Tambours tournants dans les fosses, ou procédé américain.

1845 — Rapensius. Tannage au myrtile. Rapport de la commission de Trèves.

1845 — Machine à comprimer et à unir les cuirs forts de Berendorf. — Endosmose et Exosmose.

1845 — Procédé de Cox, pour les cuirs forts.

1846 — Turnbull. Préparation à la chaux. Tannage au sucre et à la sciure de bois.

1846 — Procédé Gannal.

Parmi les autres procédés dont nous ignorons les dates précises, il faut citer :

1° Le tannage par la pression , système acheté à son auteur. Gibson Spilsbury, au prix de 400,000 fr. , plus 25,000 fr. de rente viagère.

2° Le procédé de M. Ogereau, ou du liquide en mouvement.

3º   Le procédé William Berry, par le goudron et la suie.

4º   Celui de John Burridge, par les extraits d'écorce de chêne et de cachou.

5º Celui de Kempfureys, par le divide, l'écorce d'aulne, etc., etc.

6º   Ceux de Reulos et Beudin, approuvés par M. Dumas.

7º   Procédés de M. Snyder, ou par l'acupuncture préalable des cuirs et peaux, pour accélérer la pénétration du tannin.

8º   Procédé de Cox, pour cuirs en sac.

9º   Procédé de Gayraud, ou au statice.

10º   Procédé Darcet, ou au sesqui-oxyde.

11º   Procédé Desmond.

12º   Procédé de M. de Kergado, ou au peroxyde de fer.

13º   Enfin, les procédés Lapeyrouse, Magnan, etc., etc.

Tous ces systèmes, sans compter une foule d'autres proposés par des chimistes de laboratoire, ou mis en pratique par des industriels ecclectiques, qui prennent çà et là ce qu'ils croient bon et s'en composent une méthode particulière.

Tous ces systèmes aussi, sans compter ceux qui sont usités dans les divers pays, comme celui des cuirs de Transylvanie, comme le procédé valaque, comme le procédé turc ou à la valonia, comme le procédé russe pour les cuirs dits de Russie, comme le procédé danois ou au sippaye, comme le procédé américain ou au hemlock (ciguë d'Amérique), comme le procédé irlandais ou à la bruyère, comme le procédé provençal ou des cuirs verts, ou encore au myrthe et au caustique, etc., etc. Nous ne pouvons détailler ici les procédés allemands, qui, pour être plus nombreux que ceux de l'Angleterre et de la France, n'ont pas abouti plus sérieusement.

L'indication seule de ces systèmes montre combien d'efforts impuissants l'art du tanneur a faits pour se perfectionner, à combien de matières il a eu recours. Nous ne voulons médire d'aucun des moyens employés, nous nous contenterons de citer ce que disait la commission de Londres sur la situation de l'industrie des cuirs, dans son rapport en 1849. « Il est à désirer, disait-elle, que de nouveaux essais soient encouragés, que nos tanneries, guidées par leur expérience, par les conseils d'une chimie éclairée, fassent de nouveaux efforts pour arriver à UN TANNAGE PROMPT ET SATISFAISANT, pour éviter les pertes qui résultent D'UN CAPITAL ÉNORME ENFOUI DANS LES FOSSES, et des variations des cours impossibles à prévoir si longtemps d'avance. »

Ces paroles montrent suffisamment que malgré les divers efforts que nous avons enregistrés, il reste de grands progrès à faire. Nous croyons avoir résolu le problème. Nous supprimons les fosses ; nous n'enfouissons plus aucun capital, et nous défions les variations dans les cours. Ce double résultat va être démontré pour ceux qui voudront bien lire le chapitre suivant.

CHAPITRE IV.

Nos nouveaux Procédés.

De l'eau, de l'écorce et du mouvement, voilà tout notre secret,
voilà le principe trinitaire des procédés que nous apportons à
la régénération de la tannerie. Ce principe n'a rien qui puisse
effrayer les partisans des anciennes méthodes. Rien d'étranger
ne vient bouleverser leurs habitudes. Ils n'ont pas à craindre des
essais inutiles ou dangereux. Tout le secret est dans la combi-
naison des trois éléments qui forment la base de notre système.

Aucun acide, aucun moyen violent n'intervient. Le cuir n'a rien à redouter d'un traitement extraordinaire quelconque. Il subit le traitement dont il s'est toujours si bien trouvé, mais il le subit à des conditions différentes. La combinaison seule des éléments eau, écorce et mouvement, accélère pour ainsi dire à volonté le tannage, et produit une économie énorme dans les capitaux employés, dans la main-d'œuvre, dans l'écorce.

Le tanneur, qui, précédemment, quelle que fût la rapidité de ses moyens, était obligé d'attendre de nombreux mois, et, dans certains cas, des années pour jouir des fruits de son labeur, peut les voir chaque jour se développer sous ses yeux. Il peut suivre son cuir dans ses différentes modifications, sans pour ainsi dire le quitter de l'œil. Chaque heure amène un progrès réel, et en quelques semaines, ce qui autrefois était l'ouvrage d'un laps de temps considérable se trouve accompli avec toutes les économies dont nous venons de parler.

· Il s'en suit quant à la généralité de la tannerie française, qu'elle peut, avec nos procédés, se tenir non seulement au niveau de la consommation de notre pays, en tannant presque immédiatement toutes les peaux abattues, mais encore dépasser cette consommation et faire concurrence aux marchés étrangers, en préparant toutes les peaux qui lui seraient envoyées du dehors pour jouir du bénéfice des procédés nouveaux.

Il y a plus, le gouvernement, certain d'avoir à temps et dans un bref délai les cuirs nécessaires à l'armée, à la marine et aux administrations publiques, pourrait acheter les peaux en poils et les donner à tanner à façon, ce qui lui procurerait certainement une économie de plusieurs millions annuels.

On n'attendra certes pas de nous que nous fournissions à nos lecteurs une description assez exacte des procédés dont nous nous servons pour qu'ils puissent être immédiatement, et au mépris des lois, imités ou contrefaits par le premier venu. Cependant nous donnerons ici un aperçu de ce système, qui produit, d'après nos expériences réitérées faites devant des personnes compétentes et des commissions d'intéressés, une économie de 80 pour cent quant au temps nécessaire, une économie de 50 à 60 pour cent sur l'écorce, une économie de 50 pour cent sur la main-d'œuvre, c'est-à-dire par lequel on peut tanner en 20 jours ce qui se faisait autrefois en 3 mois, tanner au moyen de 50 kilogrammes d'écorce ce qui en exigeait cent, et faire avec deux cents ouvriers ce qui en exigeait quatre cents, tout cela sans compter d'autres avantages, comme l'augmentation réelle du poids des cuirs et l'amélioration de leurs qualités.

Nous entrons en matière !

Notre méthode consiste à mettre n'importe quelle espèce de peaux, lorsqu'elles sont travaillées de rivières, dans des tonneaux d'une dimension calculée soigneusement, d'après les lois de la dynamique, pour les gros cuirs comme pour les petits, tels que veaux, chevaux, capotes et croupons. On remplit préalablement ces tonneaux à un peu plus de moitié avec des jus d'écorce marquant un certain degré au pèse-tannin. On ajoute à ce jus une certaine quantité d'écorce calculée par petite et par grosse peau, soit bœufs, vaches ou taureaux, puis on ferme hermétiquement le tonneau et on le fait tourner avec une vitesse également calculée sur l'expérience et sur la dynamique. On ajoute ensuite une quantité d'écorce pareille à la première, et on continue de même pendant 3 ou 4 jours. Au bout de ce temps, les peaux sont aussi avancées que si elles avaient subi trois passements.

Lorsque les peaux sont arrivées à ce degré, on peut, suivant les circonstances, soit les changer dans d'autres tonneaux où on a mis des jus marquant un degré supérieur suivant la nature des cuirs, et y ajouter la même quantité d'écorce qu'ils ont reçue dans le commencement, soit les laisser dans ceux où ils se trouvaient en doublant la quantité d'écorce qu'on leur avait donnée primitivement, et en réduisant le nombre d'heures de rotation, surtout lorsque par suite du frottement continu, les jus sont arrivés à un degré assez élevé de chaleur. Une fois ce résultat obtenu, on ne laisse plus marcher les tonneaux qu'un certain nombre d'heures sur 24, suivant la saison. Le tannage des petites peaux ou de celles amincies à l'avance par le dérayage soit des veaux, devants de chevaux, capotes, croupons et vaches pour les coupes des tiges, peut s'achever en 15 à 40 jours sans nouveau changement de tonneau, en continuant à ajouter de petites quantités d'écorce au fur et à mesure que le tannin de celle déjà donnée est absorbé par les peaux. Quant aux grosses peaux, telles que vaches, bœufs et taureaux, il faut, lorsqu'elles sont arrivées à peu près au même degré d'avancement que si elles avaient reçu une poudre en fosse, les changer dans un tonneau frais où l'on a mis du jus marquant X ? degrés au pèse-tannin et X ? (1) kilos d'écorce par peau, suivant la qualité de cette dernière et la force ou l'espèce des peaux. Celles-ci, une fois rafraîchies de la sorte, ne

---

(1) On conçoit, comme nous l'avons dit plus haut, que nous ne puissions pas donner des chiffres exacts.

doivent plus marcher que X? heures sur 24, suivant la saison, et le tonneau contenant ces marchandises ne doit plus être ouvert avant 15 jours. Au bout de ce temps, les peaux sont tellement avancées que leur tannage ne peut plus faire de progrès dans ce tonneau, et qu'il faut les en retirer. Si c'étaient de petites vaches et bœufs ou des taureaux légers, leur tannage serait d'ailleurs complet au bout de ce temps; mais si elles sont d'une force au-dessus de la moyenne, il faut recommencer la même opération qui vient d'être décrite, et on peut être sûr qu'elles seront parfaitement tannées au bout de la deuxième quinzaine; si, au contraire, ce sont des vaches ou bœufs de première force ou des génisses fortes, il faut leur donner une troisième poudre, et les faire marcher encore pendant 15 jours pour obtenir un tannage parfait. Quant aux cuirs forts dépassant 25 kilos le cuir tanné et aux taureaux de première force pour courroies de machines, on leur donne X? kilos d'écorce par peau, à quatre reprises différentes, mais au lieu de ne les laisser marcher que pendant 15 jours, on les laisse dans le tonneau pendant 3 semaines pour chaque poudre, et on ne les fait tourner que de X? heures au plus sur 24.

Lorsqu'une tannerie, organisée d'après mon système, est une fois en pleine activité, les peaux sortant du travail de rivière ne sont plus mises dans des jus frais, et ne reçoivent plus d'écorce fraiche. On les met au contraire dans des tonneaux dont les jus et l'écorce n'ont presque plus de force. Elles absorbent celle-ci au bout de 24 ou 48 heures, si on les fait tourner constamment. L'absorption étant complète, on vide le tonneau dans lequel on met ensuite du jus et de l'écorce fraiche, et des peaux arrivées au degré d'avancement indiqué ci-dessus. Quant à celles dont il vient d'être parlé au commencement de ce paragraphe, on les met dans un tonneau contenant de l'écorce et du jus un peu plus fort que celui où elles étaient précédemment, ou on les fait encore tourner constamment jusqu'au moment où l'on remarque qu'elles n'avancent plus. Alors seulement on les change dans un tonneau qui a marché pendant 15 jours et dans lequel on ne les laisse plus tourner que X ? heures sur 24. On peut être certain que par l'opération ainsi conduite, les grosses peaux sont aussi avancées au bout de 10 à 15 jours de mouvement dans ce tonneau que si elles avaient eu une première poudre en fosse.

D'après les explications qui viennent d'être données, il saute aux yeux des moins experts, qu'outre la célérité du tannage, l'un des grands avantages pratiques de mon système, consiste une fois que la fabrication est en train, à supprimer les passements et les fosses, tout en obtenant un gonflement plus parfait sans main-d'œuvre. On arrive ainsi à pousser les peaux au même degré d'avancement que si elles avaient déjà eu une poudre, sans employer un kilogramme d'écorce fraiche ou de jus, et pour atteindre à ce résultat, il n'y a qu'une chose essentielle à observer, c'est d'opérer graduellement pour ne pas attaquer trop fort les peaux à leur sortie du travail de rivière.

Il faut en un mot suivre absolument les mêmes principes que pour la tannerie ordinaire, car ce qui est vrai pour l'une, l'est aussi pour l'autre, et les cinq grandes difficultés à vaincre, et dont j'ai triomphé, sont :

1º La création d'un matériel exigeant le moins de force motrice possible, et qui tout en pouvant supporter un poids énorme, refuse imperieusement l'emploi de la moindre parcelle de fer dans l'intérieur des machines;

2º D'obtenir une décomposition prompte et cependant graduelle de la matière tannante;

3º De produire une chaleur naturelle variable à volonté, sui vant les besoins de la fabrication et la qualité des peaux ;

4º D'empêcher les contacts de l'air avec la matière tannante;

5º D'utiliser jusqu'au dernier vestige du tannin de la matière tannante employée.

Tous ces avantages se trouvent complètement réalisés par l'emploi de tonneaux et du matériel dont je fais usage, et que, par des concessions, je puis mettre mes confrères à même d'employer.

En effet, mes grands tonneaux peuvent contenir un poids de 9 à 10,000 kilos de peaux, d'écorces et de jus, sans qu'il y ait la moindre parcelle métallique dans l'intérieur, et n'exigent, pour être mis en mouvement, qu'une force motrice comparativement très petite.

La décomposition de l'écorce se fait graduellement et cependant très promptement, parce que, par suite de la rotation et du frottement qui en est le résultat inévitable, l'écorce finit par se réduire en une pâte, dont le principe tannant est nécessairement absorbé beaucoup plus facilement par le liquide, parce que ce dernier se trouve en contact forcé et continuel avec toutes ses mollécules.

De même aussi que par suite de la rotation, la décomposition de l'écorce s'opère graduellement et cependant avec une grande célérité; le frottement produit en même temps une chaleur naturelle, dont on peut varier l'intensité en faisant tourner les tonneaux plus ou moins longtemps, suivant les besoins de la fabrication, c'est cette chaleur, bien supérieure à toute chaleur factice, qui favorise si puissamment la combinaison du tannin avec la gélatine contenue dans la partie cellulaire des peaux.

D'un autre côté, le contact de l'air avec l'écorce et le jus qui est l'une des principales causes de la lenteur du tannage en fosse, ainsi que de la grande quantité d'écorce qu'il nécessite, parce qu'il a pour résultat la transformation d'une grande partie de l'acide tannique des écorces, ou autres matières tannantes en acide gallique, se trouve forcément empêché. En effet, les tonneaux étant presques remplis, ne contiennent plus qu'une très petite quantité d'air, qui, se décomposant au bout de très peu de temps, et ne pouvant plus se renouveler, ne peut par conséquent non plus avoir aucune influence appréciable sur le tannage.

Enfin je parviens à utiliser jusqu'à la moindre partie de tannin contenue dans l'écorce, non seulement parce que, comme je viens de le dire d'autre part, elle se trouve réduite en pâte, mais surtout parce qu'au fur et à mesure que l'écorce et les jus contenus dans un tonneau perdent de leur force, on remplace les peaux qui ont déjà absorbé tout ce que leur état d'avancement leur permettait d'absorber par des peaux moins avancées, et par conséquent plus avides de principe tannant.

J'aurais encore d'autres détails à donner sur mes procédés, notamment quant aux cuves et aux jus préparés à tous les degrés, qu'elles doivent constamment renfermer. Je passe à d'autres considérations sur ce qui se passe dans les tanneries montées suivant l'ancien système, et sur ce qui se passera dans celles où le mien sera adopté.

Dans une tannerie ordinaire, les peaux au sortir du travail de rivière sont placées dans des passements tout à fait usés, où ils restent pendant plusieurs jours.

Si ce sont de petites peaux, un ouvrier les fait tourner au moins pendant 4 à 5 heures par jour, au moyen d'une roue à palettes planes, mue par une manivelle et un engrenage direct. Cette méthode est du reste déjà un progrès qui n'a été réalisé, jusqu'à présent, que dans quelques tanneries, car généralement on remue simplement les peaux avec des perches, et outre cela on les relève des passements une ou deux fois par jour. On continue ce travail pendant 4, 5, 6 ou même 8 jours, suivant la saison ou la force des peaux et des passements, après quoi on les met dans des passements moins usés, et on leur donne 1/2 à 1 kilo d'écorce par peau, suivant la force. C'est ce qu'on appelle le premier passement, où elles restent au moins pendant 8 jours, et nécessitent les mêmes manipulations qui viennent d'être décrites ci-haut ; au bout de ce temps, elles sont mises dans le deuxième passement, où elles sont exactement traitées de même, et pendant le même laps de temps que dans le premier. De là elles vont en troisième, où elles subissent de nouveau les mêmes opérations, avec adjonction de la même quantité d'écorce. Dans quelques tanneries, on leur donne même quatre passements en augmentant un peu la quantité d'écorce du quatrième. Dans ces dernières aussi, on les couche généralement en fosse après le quatrième passement, mais dans toutes celles où on ne leur en donne que trois, on les met d'abord en retraite pendant 3 semaines ou 1 mois, avec 2 à 4 kilos d'écorce par veau suivant sa force. Cette opération exige 2 journées d'ouvriers habiles, pour une quantité de 3 à 400 pièces, de plus, pour les retirer de la retraite il faut encore au moins trois ouvriers pendant

6 heures chacun, et ce n'est qu'alors qu'on les couche en fosse, et qu'on leur donne de 5 à 15 kilos d'écorce par veau. Après 3 ou 4 mois de séjour dans ces dernières, les veaux sont complètement tannés, mais il aura encore fallu pour une quantité de 400 veaux 3 ouvriers, l'un pour servir la fosse, et les deux autres pour recoucher, pendant 18 heures chacun.

Le tannage achevé, il faut lever la fosse et employer de nouveau 4 ouvriers pendant 6 heures chacun.

Voyons maintenant ce qui se passe chez nous, pour la manipulation des mêmes quantités de marchandises de même espèce. Au sortir du travail de rivière, 1 ouvrier jette 3 ou 400 peaux dans un tonneau contenant des jus et de l'écorce presque usée, et il peut faire ce travail en moins d'une 1/2 heure, parce qu'il n'exige pas la moindre précaution, et qu'on peut en jeter 5 ou 6 à la fois. Ceci fait, on ferme le tonneau et on le met en mouvement aussi longtemps qu'il est nécessaire, pour que ces peaux aient absorbé jusqu'au dernier vertige de principe tannant du liquide dans lequel on les a jetées. Ce résultat acquis, on ouvre la portière, on fait tourner le tonneau de manière à ce qu'elle se trouve en bas, de sorte que le liquide et les peaux sortent d'elles-mêmes en quelques instants.

Il s'agit alors tout simplement de ramasser les peaux, de les rincer et de les rejeter dans un autre tonneau, contenant des jus et de l'écorce un peu plus forts que le premier.

Lorsque les peaux ont séjourné dans un tonneau pendant 24 ou 48 heures, et qu'elles ont absorbé tout le principe tannant qu'elles sont susceptibles de s'approprier en raison de leur état d'avancement, un ou deux ouvriers les en retirent d'abord avec les mains aussi longtemps qu'ils peuvent les atteindre , puis au moyen d'une perche armée à l'un des bouts d'une corne de bœuf ; ce travail exige tout au plus une à deux heures pour 3 ou 400 veaux.

En moins d'une demi-heure ces ouvriers ont remis ces peaux dans un nouveau tonneau ayant servi pendant 8 ou 10 jours à achever le tannage d'une autre partie de marchandises, et où le tannage de ces peaux est presque achevé au bout de 8, 10 à 12 jours, suivant la saison ou leur force. On recommence alors l'opération dont il vient d'être parlé, et on les rejette dans un tonneau contenant de l'eau, ou du jus, qui y a été puisée par une pompe mue par la roue hydraulique, et, dans quelques minutes, le premier manœuvre venu y a jeté le nombre de sacs d'écorce nécessaire à l'achèvement de leur tannage , parce qu'il n'y a pas la moindre précaution à prendre , la rotation du tonneau suffisant à faire , au bout de très peu de temps , un mélange parfait des peaux, du liquide et de l'écorce ; au bout d'une nouvelle période de 8 à 10 jours , le tannage des petites peaux est achevé dans ce tonneau et il n'y a plus qu'à les en retirer.

Pour les grosses peaux , la différence de la main-d'œuvre est proportionnellement encore plus grande que pour les petites, non pas pour les passements, où la proportion reste la même , mais parce qu'elles exigent au moins trois poudres en fosse, et que pour coucher 100 cuirs en fosse , il faut au moins 24 heures de travail pour trois ouvriers habiles et assidus , tandis que pour donner une nouvelle poudre à une même quantité de cuirs dans les tonneaux il faut tout au plus 3 heures à deux ouvriers ou manouvriers quelconques.

Il me reste à faire une dernière observation de la plus haute

importance en faveur de mon système. Dans une tannerie quelque
peu importante, il est impossible au chef de l'établissement de
surveiller suffisamment les ouvriers chargés de coucher les cuirs
en fosse, et encore moins de faire ce travail lui-même ; et comme
i est surabondamment prouvé qu'en donnant aux parties faibles
de la peau, telles que le collet ou les flancs, plus d'écorce qu'elles
ne peuvent en absorber en raison de leur force, tout ce qui a
été donné en trop est complètement perdu, et que, d'un autre côté,
tout ce qui est jeté au-delà des bords de la peau (ce qui n'arrive
que trop souvent) l'est à plus forte raison, il s'en suit que le tan-
neur éprouve une perte d'écorce d'au moins 10 à 15 k⁰ˢ pour
chaque peau. Il éprouve cette perte, soit que la distribution, qui
exige une connaissance très exacte de toutes les parties de la
peau et une attention très soutenue, n'ait pas été bien faite, soit
que l'ouvrier en ait jeté une bonne partie à côté des bords de la
peau, ce qui arrive presque toujours.

Cette perte qui, dans une tannerie montée sur une grande
échelle, est immense, ne peut avoir lieu, même dans la plus petite
proportion, dans une tannerie montée d'après mon système. En
voici les raisons : 1⁰ les peaux, au lieu de rester inertes et immo-
biles aussi bien que l'écorce, sont mises en mouvement tout aussi
bien que la matière tannante ; 2⁰ en suivant ma méthode, le tan-
nin est absorbé jusqu'aux dernières traces, en ce qu'à fur et à me-
sure qu'il devient plus faible, on y met des peaux moins avancées
et par conséquent beaucoup plus avides.

Pour mieux me faire comprendre par mes lecteurs, je vais citer
un exemple :

Je suppose qu'on prenne 100 cuirs tannés aux trois-quarts et que dans les tonneaux on leur donne le double d'écorce qu'il n'en faudrait pour les tanner à fond, ces peaux absorberont tout ce qui leur sera nécessaire pour leur tannage complet, et l'écorce restante servira à une partie de marchandise suivante qui, après avoir absorbé autant d'acide tannique que son état d'avancement le lui permettait, cèdera la place à une troisième partie, ainsi de suite jusqu'à absorption complète.

Mais dans une tannerie ordinaire les choses se passent tout-à-fait différemment. Ainsi, en prenant, comme dans le cas indiqué ci-dessus, des cuirs tannés aux trois quarts, et en leur donnant deux fois plus d'écorce qu'ils ne peuvent en absorber, tout ce qui leur a été donné en plus est complètement perdu, parce qu'en levant la fosse, l'écorce n'est plus bonne à rien par suite du contact continuel de l'air.

Il me reste encore quelques mots à dire pour expliquer comment il se fait que j'obtienne un poids supérieur à celui des cuirs tannés en fosse.

Tout le monde sait que dans une tannerie ordinaire, si les cuirs sont mal soignés dans les passements, ils restent toujours plats et flandreux, se tannent difficilement et donnent un poids beaucoup moindre à celui qu'ils devraient avoir, en raison de ce qu'ils pesaient étant frais de boucherie.

Quoique ces inconvénients n'existent pas pour les cuirs qui ont été bien soignés dans les passements, il n'en est pas moins vrai, qu'une fois entrés dans les fosses, bien loin d'augmenter en épaisseur, ils diminuent plutôt un peu, et cela se comprend facilement quand on songe qu'ils restent inertes et entassés les uns sur les autres pendant des mois et quelquefois deux années entières.

Par mon système de rotation, au contraire, le gonflement des peaux continue jusqu'au dernier moment, d'abord parce que leurs pores restent toujours ouverts par suite de l'espèce de foulage qui se fait dans les tonneaux, et surtout par suite de la chaleur naturelle, qui est une des conséquences les plus importantes de ma méthode, et qui facilite en même temps si puissamment la combinaison du tannin avec la gélatine de la peau; ceci posé, tout le monde comprendra facilement, comme il est dit plus haut, que les cuirs tannés par mon système deviennent forcément plus ronds que ceux tannés en fosse, et que par conséquent ils donnent une qualité et un poids supérieurs.

CHAPITRE V.

L'ancienne Méthode et la nouvelle sous le rapport des prix.

Ce chapitre sera court. Nous le dédions au gouvernement et à tous les hommes compétents. Nous allons y démontrer par des chiffres les avantages de nos procédés sur les procédés anciens, et établir les nombreux avantages économiques et financiers que présentent les nôtres.

Prenons, par exemple, des quantités quelconques comme base de notre raisonnement, supposons un établissement qui fasse, par exemple, la fabrication des peaux que voici :

1º 780 gros cuirs à 31 kilogrammes 80 grammes l'un, en moyenne, pesant en tout 24,804 kil. à 3 fr. 20 le kil., ci. . . . . 79,372 f. 80

2º 1,680 vaches à 16 kil. l'une, en tout 26,880 kil. à 3 fr. 80, ci. . . . . 102,144 »

3º 1,080 chevaux entiers à 30 fr. 75 par cheval, ci. . . . . 33,210 »

4º 7,200 veaux à 1 kil. 800 gr. l'un, ou 12,960 kil. à 7 fr. 8o, ci . . . . 101,088 »

5º 228 capotes à 43 fr. pièce, ci. . . . . . 12,384 »

———————

Total des prix de ces peaux fabriquées. . . 328,198 f. 80

Voyons, cette production une fois donnée, ce qu'elle rapporte au fabricant par l'ancienne méthode et ce qu'elle lui rapporterait par la nouvelle.

Prenons d'abord les frais généraux.

Ancienne Méthode.

1° *Frais généraux par l'ancienne méthode.*

Loyer de bureau, ateliers, magasins, etc.	4,000 f. »
Mouture du tan	4,120 »
Foulons	710 »
Main-d'œuvre pour les bassements et le tannage proprement dit	5,824 »

Frais de gestion :

Contributions	1,200 »	
Assurances.	300 »	
Ports de lettres et frais de bureau . .	350 »	
Timbre	500 »	12,100 »
Employés	3,000 »	
Voyageur.	5,850 »	
Eclairage, menues réparations et matériel	900 »	

Total. . . .	26,754 »

Dont à déduire. La valeur des mottes, du fumier, bourriers, carnasse, etc.	4,633 »

Reste pour frais généraux	22,121 f. »

Ce qui fait un peu de moins de 7 p. °/° ; mais pour faire la part plus large aux frais, je prends pour base le chiffre de 9 p. °/°.

2° *Frais généraux par la méthode nouvelle.*

Loyer de bureau, ateliers, magasins, etc. . . . . .   4,000 f. »
Main-d'œuvre pour le tannage, mouture du tan, fou-
  lons, etc. . . . .   4,500 »
Loyer de l'usine, valeur du moteur et entretien . .   4,600 »
Frais de gestion (comme plus haut) . . . .   12,100 »

                                                   ____

                                                    25,200 »

Dont à déduire. La valeur des fumiers, mottes,
  bourriers, carnasse, etc . . . .   4,633 »

                                                   ____

          Reste pour frais généraux . . . .   20,567 f. »

Ce qui ferait un peu plus de 6 p. °/o ; mais ayant élevé les prix
de revient de l'ancienne méthode de 2 p. °/o, j'élève ceux-ci de
2 °/o 1/2, soit 8 p. °/o 1/2. (On voit que je ne favorise pas ma nou-
velle méthode.)

          Diminution sur l'ancienne méthode, 1/2 p. °/o.

Décomposons maintenant la fabrication par détails, et comparons
les prix de revient dans les deux méthodes. Quant aux bénéfices, nous
ne les calculerons qu'en égalité avec ceux de l'ancienne méthode.

Prix comparatifs entre l'ancienne et la nouvelle méthode,
Indiquant la réduction dont ils sont susceptibles en ne conservant qu'un bénéfice égal à celui de l'ancienne méthode.

VACHES.

Ancienne méthode.	F.	C.	*Nouvelle méthode.*	F.	C.
Achat, 30 k. à 1 f. . .	30	»	Achat, 30 k. à 1 f. . .	30	»
Travail de rivière . . .	1	05	Travail de rivière . . .	1	05
130 k. d'écorce à 8 f. le %	10	40	35 k. d'écorce à 8 f. le %	2	80
Corroyage	»	50	Corroyage	»	50
	41	95		34	35
Frais généraux, 9 p. % .	3	77	Frais généraux, 8 f. 50 p. %	2	91
Prix de revient . .	45	72	Prix de revient . .	37	26
Poids après façon :			Poids après façon :		
14 k. à 3 f. 50 c. . . .	53	20	16 k. à 3 f. 50 c. . . .	60	80
Bénéfice	7	48	Bénéfice	23	54
Ou 16 p. %.			Ou 59 p. %.		

Prix réduit

En raison du nombre de remaniements dans un même laps de temps, et en ne prenant qu'un bénéfice égal à celui résultant de l'ancien procédé.

	F.	C.
Prix de revient par l'ancienne méthode (par k°).	3	27
Prix de vente	3	80
Bénéfice par k°	»	53

	F.	C.
Prix de revient par la nouvelle méthode (par k°). . . .	2	33
1/6 du bénéfice de 0 f. 53 c. réalisé par l'ancienne méthode, pour 6 remaniements.	»	9
Total du prix réduit.	2	42

Représentant une diminution de 37 p. %

Prix comparatifs entre l'ancienne et la nouvelle méthode,
Indiquant la réduction dont ils sont susceptibles en ne conservant
qu'un bénéfice égal à celui de l'ancienne méthode.

BŒUFS.

Ancienne méthode.	F.	C.	*Nouvelle méthode.*	F.	C.
Achat, 43 k. à 1 f. . .	43	»	Achat, 43 k. à 1 f. . .	43	»
Travail de rivière . . .	»	55	Travail de rivière . . .	»	55
165 k. d'écorce à 8 f. le %	13	20	50 k. d'écorce à 8 f. le %	4	»
Corroyage	»	80	Corroyage	»	80
	57	55		48	35
Frais généraux, 9 p. %. .	5	18	Frais généraux, 8 f. 50 p. %.	4	10
Prix de revient . .	62	73	Prix de revient . .	52	45
Poids après façon :			Poids après façon :		
24 k. à 3 f. 20 c. . . .	76	80	27 k. 60 à 3 f. 20 c. .	88	32
Bénéfice	14	07	Bénéfice	35	87
Ou 22 p. %.			Ou 69 p. %.		

Prix réduit

**En raison du nombre de remaniements dans un même laps de
temps, et en ne prenant qu'un bénéfice égal à celui
résultant de l'ancien procédé.**

	F.	C.
Prix de revient par l'ancienne méthode (par k°).	2	61
Prix de vente	3	20
Bénéfice par k°	»	59

	F.	C.
Prix de revient par la nouvelle méthode (par k°). . . .	1	90
1/6 du bénéfice de 0 f. 59 c. réalisé par l'ancienne méthode, pour 6 remaniements.	»	10
Total du prix réduit	2	»

Représentant une diminution de 38 p. %.

Prix comparatifs entre l'ancienne et la nouvelle méthode,
Indiquant la réduction dont ils sont susceptibles en ne conservant
qu'un bénéfice égal à celui de l'ancienne méthode.

TAUREAUX.

Ancienne méthode.	F.	C.	*Nouvelle méthode.*	F.	C.
Achat, 48 k. à 90 c. . .	43	20	Achat, 43 k. à 90 c. . .	43	20
Travail de rivière . . .	1	20	Travail de rivière . . .	1	20
225 k. d'écorce à 8 f. le %	18	»	56 k. d'écorce à 8 f. le %	4	48
Corroyage et suif . . .	5	10	Corroyage et suif . . .	5	10
	66	50		53	98
Frais généraux, 9 p. %. .	5	99	Frais généraux, 8 f. 50 p. %.	4	59
Prix de revient . .	72	49	Prix de revient . .	58	57
Poids après façon :			Poids après façon :		
30 k. à 3 f. 20 c. . . .	96	»	36 k. à 3 f. 20 c. . . .	115	20
Bénéfice	23	51	Bénéfice.	56	63
Ou 32 p. %.			Ou 97 p. %.		

Prix réduit

En raison du nombre de remaniements dans un même laps de
temps, et en ne prenant qu'un bénéfice égal à celui
résultant de l'ancien procédé.

	F.	C.
Prix de revient par l'ancienne méthode (par kᵒ).	2	42
Prix de vente.	3	20
Bénéfice par kᵒ	»	78

	F.	C.
Prix de revient par la nouvelle méthode (par kᵒ). . . .	1	63
1/6 du bénéfice de 0 f. 62 c. réalisé par l'ancienne méthode, pour 6 remaniements.	»	13
Total du prix réduit.	1	76

Représentant une diminution de 45 p. %.

Prix comparatifs entre l'ancienne et la nouvelle méthode
Indiquant la réduction dont ils sont susceptibles en ne conservant
qu'un bénéfice égal à celui de l'ancienne méthode.

VEAUX.

Ancienne méthode.	F.	C.	*Nouvelle méthode.*	F.	C.
Achat, 5 k. 1/2 à 1 f. 15 c.	6	33	Achat, 5 k. 1/2 à 1 f. 15 c.	6	33
Travail de rivière . . .	»	48	Travail de rivière . . .	»	43
18 k. d'écorce à 8 f. le %.	1	44	2 k. 10 d'écorce à 8 f. le %.	»	17
Corroyage et dégras . .	»	93	Corroyage et dégras . .	»	93
	9	13		7	86
Frais généraux, 9 f. p. %.	»	82	Frais généraux, 8 f. 50 p. %.	»	67
Prix de revient . .	9	95	Prix de revient . .	8	53
Poids après façon :			Poids après façon :		
1 k. 60 à 7 f. 80 c. . .	12	48	1 k. 85 à 7 f. 80 c. . .	14	43
Bénéfice	2	53	Bénéfice	5	90
Ou 25 p. %.			Ou 70 p. %.		

Prix réduit .

En raison du nombre de remaniements dans un même laps de
temps, et en ne prenant qu'un bénéfice égal à celui
résultant de l'ancien procédé.

	F.	C.
Prix de revient par l'ancienne méthode (par k°).	6	21
Prix de vente.	7	80
Bénéfice par k°	1	59

	F.	C.
Prix de revient par la nouvelle méthode (par k°). . . .	4	61
1/6 du bénéfice de 1 f. 59 c. réalisé par l'ancienne méthode, pour 6 remaniements.	»	26
Total du prix réduit	4	87

Représentant une diminution de 38 p. %.

Prix comparatifs entre l'ancienne et la nouvelle méthode,
Indiquant la réduction dont ils sont susceptibles en ne conservant
qu'un bénéfice égal à celui de l'ancienne méthode.

DEVANTS DE CHEVAUX.

Ancienne méthode.	F.	C.	*Nouvelle méthode.*	F.	C.
Achat	10	»	Achat	10	»
Travail de rivière . . .	1	70	Travail de rivière . . .	1	70
62 k. d'écorce à 8 f. le %.	4	96	21 k. 50 d'écorce à 8 f. le %.	1	72
Corroyage et dégras . .	3	15	Corroyage et dégras . .	3	15
	19	81		16	57
Frais généraux, 9 p. % .	1	78	Frais généraux, 8 50 p. %.	1	40
Prix de revient . .	21	59	Prix de revient . .	17	97

Ancienne méthode.			*Nouvelle méthode.*		
Poids après façon : 7 k. dont			Poids après façon : 8 k. 20, dont		
3 k. 50 devants à 5 f., — 17 50 / 3 k. 50 culées à 2 f. 50 — 8 75 } ensemble	26	25	4 k. 10 devants à 5 f., — 20 50 / 4 k. 10 culées à 2 f. 50 — 10 25 } ensemble	30	75
Bénéfice	4	66	Bénéfice.	12	78
Ou 21 p. %.			Ou 71 p. %.		

Prix réduit

En raison du nombre de remaniements dans un même laps de
temps, et en ne prenant qu'un bénéfice égal à celui
résultant de l'ancien procédé.

	F.	C.	
Prix de revient par l'ancienne méthode (par k°).	2	06	NOTA. Les devants sont comptés pour les 2/3 du prix total.
Prix de vente	5	»	
Bénéfice par k°	2	94	

	F.	C.
Prix de revient par la nouvelle méthode (par k°). . . .	1	42
1/9 du bénéfice de 1 f. 08 réalisé par l'ancienne méthode, pour 9 remaniements.	0	32
Total du prix réduit	1	74

Représentant une diminution de 60 p. %.

Prix comparatifs entre l'ancienne et la nouvelle méthode,
Indiquant la réduction dont ils sont susceptibles en ne conservant
qu'un bénéfice égal à celui de l'ancienne méthode.

CULÉES DE CHEVAUX.

Ancienne méthode.	F.	C.		*Nouvelle méthode.*	F.	C.
Achat	10	»		Achat	10	»
Travail de rivière . . .	1	70		Travail de rivière . . .	1	70
62 k. d'écorce à 8 f. le %.	4	96		21 k. 50 d'écorce à 8 f. le %	1	72
Corroyage et dégras . .	3	15		Corroyage et dégras . .	3	15
	19	81			16	57
Frais généraux, 9 p. % .	1	78		Frais généraux, 8 50 p. %	1	40
Prix de revient. . .	21	59		Prix de revient. . .	17	97

Poids après façon : 7 k. dont
3 k. 50 devants à ⎫
  5 f. »—17 50 ⎪
3 k. 50 culées à ⎬ ensemble 26 25
  2 f. 50—8 75 ⎭

Poids après façon, 8 k. 50, dont
4 k. 10 devants à ⎫
  5 f. »—20 50 ⎪
4 k. 10 culées à ⎬ ensemble 30 75
  2 f. 50—10 25 ⎭

	F.	C.			F.	C.
Bénéfice.	4	66		Bénéfice.	12	78
Ou 21 p. %.				Ou 71 p. %.		

Prix réduit

En raison du nombre de remaniements dans un même laps de
temps, et en ne prenant qu'un bénéfice égal à celui
résultant de l'ancien procédé

	F.	C.
Prix de revient par l'ancienne méthode (par k°).	1	03
Prix de vente	2	50
Bénéfice par k°	1	47

	F.	C.
Prix de revient par la nouvelle méthode (par k°). . . .	»	71
1/9 du bénéfice de 0 f. 59 réalisé par l'ancienne méthode, pour 9 remaniements.	0	16
Total du prix réduit	»	87

Représentant une diminution de 60 p. %.

Prix comparatifs entre l'ancienne et la nouvelle méthode,
Indiquant la réduction dont ils sont susceptibles en ne conservant
qu'un bénéfice égal à celui de l'ancienne méthode.

VACHE A CAPOTE.

Ancienne méthode.	F.	C.	*Nouvelle méthode.*	F.	C.
Achat	24	30	Achat	24	30
Travail de rivière . . .	1	20	Travail de rivière . . .	1	20
41 k. d'écorce à 8 f. le %.	3	28	7 k. d'écorce à 8 f. le % .	»	56
Corroyage et dégras . .	3	90	Corroyage et dégras . .	3	90
	32	68		29	96
Frais généraux, 9 p. % .	2	94	Frais généraux, 8 50 p. %.	2	55
Prix de revient . .	35	62	Prix de revient . .	32	51
Prix de vente à la pièce .	50	»	Prix de vente à la pièce .	50	»
Bénéfice.	14	38	Bénéfice	17	49
Ou 39 p. %.			Ou 55 p. %.		

Prix réduit

En raison du nombre de remaniements dans un même laps de
temps, et en ne prenant qu'un bénéfice égal à celui
résultant de l'ancien procédé.

	F.	C.
Prix de revient par l'ancienne méthode (par pièce)	35	62
Prix de vente	50	»
Bénéfice par k°	14	38

	F.	C.
Prix de revient par la nouvelle méthode (par pièce). . .	32	51
1/10 du bénéfice de 9 f. 38 réalisé par l'ancienne méthode, pour 10 remaniements	1	44
Total du prix réduit	33	95

Représentant une diminution de 32 p. %.

Prix comparatifs entre l'ancienne et la nouvelle méthode,
Indiquant la réduction dont ils sont susceptibles en ne conservant
qu'un bénéfice égal à celui de l'ancienne méthode.

CHEVAL A CAPOTE.

Ancienne méthode.	F.	C.	*Nouvelle méthode.*	F.	C.
Achat	10	»	Achat	10	»
Travail de rivière . . .	1	20	Travail de rivière . . .	1	20
41 k. d'écorce à 8 f. le %.	3	28	7 k. d'écorce à 8 f. le %.	»	56
Corroyage et dégras . .	3	90	Corroyage et dégras . .	3	90
	18	38		15	66
Frais généraux, 9 p. % .	1	65	Frais généraux, 8 50 p. %	1	33
Prix de revient . .	20	»	Prix de revient . .	16	99
Prix de vente à la pièce .	36	»	Prix de vente à la pièce .	36	»
Bénéfice.	16	»	Bénéfice.	19	01
Ou 80 p. %.			Ou 111 p. %.		

Prix réduit

En raison du nombre de remaniements dans un même laps de
temps, et en ne prenant qu'un bénéfice égal à celui
résultant de l'ancien procédé.

	F.	C.
Prix de revient par l'ancienne méthode (par pièce)	20	»
Prix de vente.	36	»
Bénéfice par k°	16	»

	F.	C.
Prix de revient par la nouvelle méthode (par pièce). . .	16	99
1/10 du bénéfice de 13 f. réalisé par l'ancienne méthode, pour 10 remaniements	1	60
Total du prix réduit	18	59

Représentant une diminution de 47 p. %.

Résumons maintenant les résultats que nous venons de comparer, en y ajoutant quelques autres comparaisons prises en dehors et sur lesquelles nous avons expérimenté.

RÉSUMÉ COMPARATIF
Entre les prix de l'ancienne et de la nouvelle méthode de tannage,
Indiquant la diminution que l'on pourrait opérer sur les prix
En conservant un bénéfice égal à celui de l'ancienne méthode.

DÉSIGNATION des Marchandises.	ANCIENNE MÉTHODE.			NOUVELLE MÉTHODE.			Nombre de remaniements contre un par l'ancienne méthode.	Prix réduit en égard au nombre de remaniements et en conservant un bénéfice égal à celui de l'ancienne méthode.		Bénéfice net obtenu par la nouvelle méthode.
	Prix de revient.	Prix de vente.	Bénéfice net.	Prix de revient.	Prix de vente.	Bénéfice net.		par k° ou par pièce	par °/°	
	f. c.	f. c.	f. c.	f. c.	f. c.	f. c.		f. c.		
Vache . (au kilogr).	3 27	3 80	» 53	2 33	3 80	1 47	6	2 42	37	69 p. °/°
Bœufs. . . . id.	2 61	3 20	» 59	1 90	3 20	1 30	6	2 »	38	65 p. °/°
Taureaux. . . id.	2 42	3 20	» 78	1 63	3 20	1 76	6	1 89	45	76 p. °/°
Veaux. . . . id.	6 23	7 80	1 57	4 61	7 80	3 19	6	4 87	40	68 p. °/°
Devants de chev. id.	3 62	4 70	1 88	2 65	4 70	2 5	9	2 77	40	80 p. °/°
Culées de chev. id.	1 81	2 40	» 57	1 56	2 40	1 84	9	1 38	45	80 p. °/°
Vache à capote (à la pièce).	35 62	45 »	9 38	32 51	45 »	12 49	10	33 45	28	39 p. °/°
Cheval à capote. id.	20 »	33 »	13 »	16 99	33 »	16 »	10	18 29	45	99 p. °/°
Tiges en veau (la paire)	» »	5 50	» »	» »	» »	» »	6	3 30	40	68 p. °/°
Avants-pieds. . id.	» »	2 75	» »	» »	» »	» »	6	1 65	40	68 p. °/°
Tiges en vache . id.	» »	5 25	» »	» »	» »	» »	6	3 31	37	78 p. °/°
Avants-pieds. . id.	» »	2 60	» »	» »	» »	» »	6	1 64	37	78 p. °/°
Bottillons. . . id.	» »	4 25	» »	» »	» »	» »	6	2 68	37	78 p. °/°
Croupons (au kilogr).	» »	5 20	» »	» »	» »	» »	8	3 12	40	78 p. °/°
Cuir noir chair propre (à la pièce) . . .	» »	75 »	» »	» »	» »	» »	6	41 25	45	62 p. °/°
								TOTAL. . . .		1076
								Moyenne du bénéfice net. . . .		74 p. °/°

La moyenne du bénéfice net calculé sur cette dernière colonne est donc de 74 p. 0/0 sur la différence de la vente du cuir en poils au cuir tanné et corroyé. Pour en évaluer l'étendue sur les quantités citées plus haut au commencement de ce chapitre, il n'y a plus à faire qu'un simple calcul, que nous laissons à la sagacité de nos lecteurs.

Pour compléter ces chiffres comparatifs, nous allons indiquer ce qu'il est possible de tanner de cuirs dans notre tannerie d'Illkirch avec les 14 tonneaux qui fonctionnent à l'heure où nous écrivons ces lignes ; ces chiffres donneront une idée exacte des immenses avantages qu'on peut retirer de ce nouveau mode de fabrication.

GROS BŒUFS ET TAUREAUX.

TROIS GRANDS TONNEAUX.

65 gros cuirs par tonneau, soit $65 \times 3 = 195$, à raison de quatre opérations dans une année, soit $195 \times 4 = 780$.

La moyenne du poids brut de ces 780 gros cuirs est de 45 1/2 kilos par cuir ; donc $780 \times 45\ 1/2 = 35,490$ kilos.

La moyenne du prix d'achat étant de 95 c. par kilo, on a $35,490 \times 95 = 33,715$ f. 50 c.

La moyenne du prix des façons et du tannage, y compris les frais généraux, étant de 12 f. 41 c. par cuir, on aura 780×12 f. 41 $= 9679$ f. 80 qui sont à ajouter aux 33,715 f. 50 ci-dessus ; on aura : 33,715 f. 50 $+ 9679\ 80 = 43,395$ f. 50, qui forment le total du prix de revient de ces 780 gros bœufs et taureaux.

La moyenne du poids de ces cuirs tannés et corroyés étant de 31 kilos 80 g., on a 780 × 31 80 = 24,804 kilos.

Le prix de vente étant de 3 f. 20 par kilo, on aura par conséquent 24,804 × 3 20 = 79,372 80

Le prix de revient étant de. . 43,395 30

On trouve un bénéfice net de 35,977 f. 50

VACHES ET PETITS BŒUFS.

QUATRE TONNEAUX.

70 cuirs par tonneau, soit 70 × 4 = 280 à raison de six opérations par an ; donc 280 × 6 = 1680 cuirs.

Le cuir pesant brut 30 kilos, on aura 1680 × 30 = 50,400 kilos à 1 f. par kilo, prix d'achat, ci . . . . f. 50,400 »

Le prix des façons et du tannage, frais généraux compris, étant de 7 f. 26 par cuir, on a 1680 × 7 26 = 12,196 80

Le total du prix de revient de ces 1680 vaches et petits bœufs est donc de . . . . 62,596 f 80

Le poids obtenu après le tannage étant de 16 kilos par cuir, on a 1680 × 16 = 26,880 kilos.

Le prix de vente étant de 3 f. 80 par kilo, on a 26,880 × 3 80 = ... f. 102,144 »

En déduisant le prix de revient de 62,596 80

on trouve un bénéfice net, sur ces 1680 vaches et petits bœufs, de . . . . 39,547 f 20

VEAUX.

QUATRE PETITS TONNEAUX.

150 veaux par tonneau, soit 150 × 4 = 600, la moyenne de la durée du tannage étant de 30 jours, on aura 608 × 12 = 7200 veaux, dont le prix de revient, façons, tannage, dégras et frais généraux compris, est de 8 f. 53 par veau, soit 7,200 × 8 53 = ... f. 61,416 »

Le poids après façon étant de 1 kilo 800, on a 7,200 × 1,800 = 12,960 kilos à 7 f. 80 le kilo, ci. 101,088 »

Le prix de revient étant de f. 61,416, on a 101,086 — 61,416 = à . . . . 39,672 f. »

qui représentent le bénéfice net sur les 7200 veaux.

VACHES ET CHEVAUX A CAPOTE.

Comme on peut encore mettre 6 capotes dans chaque petit tonneau avec les 150 veaux, on aura 6 × 4 = 24, la durée du tannage étant la même que pour les veaux, on a 24 × 12 = 288. La moyenne du prix de revient des façons, du tannage, du dégras,

et frais généraux compris, étant de 24 f. 75 c. par capote, on a
288 × 24 75 = à . . . . f. 7,028 »

La moyenne du prix de vente étant de 43 f. par
capote, on a 288 × 43 = ... 12,384 »

Le prix de revient étant de . . . . . , . . 7,028 »

on trouve un bénéfice net de . . . . 5,356 f. »

DEVANTS ET CULÉES DE CHEVAUX.

TROIS TONNEAUX MOYENS.

Pour un tonneau 90 devants de chevaux, la durée moyenne du tannage étant de un mois, on a 90 × 12 = 1080 devants.

Pour les deux autres tonneaux 90 culées de chevaux par tonneau, soit 180 pour les deux, et la durée moyenne du tannage étant de 2 mois, on a 180 × 6 = 1080 culées. Le prix de revient, façons, tannage, dégras, et frais généraux compris, étant de 17 f. 97 c. par cheval entier, on a 1080 × 17 97 = . . f. 19,407 60

Le prix de vente après façon étant de 30 f. 75
par cheval entier, on a 1080 × 30 75 = à . . . 33.210 »

Le prix de revient étant de 19,407 60

on trouve un bénéfice net de . . . . . . , . . 13,802 f 40

RÉSUMÉ.

Avec les tonneaux existants, on peut donc tanner dans une année :

	coûtant		rapportant		et donnant un bénéfice net de	
	F.	C.	F.	C.	F.	C.
780 gros bœufs et taureaux. .	43,395	30	79,372	80	35,977	50
1,680 vaches et petits bœufs. .	62,596	80	102,144	»	39,547	20
7,200 veaux	61,446	»	101,088	»	39,672	»
288 vaches et chevaux à capote	7,028	»	12,384	»	5,356	»
1,080 devants et culées de chevaux	19,407	60	33,210	»	13,802	40
11,028 gros et petits cuirs. . .	193,843	70	328,198	80	134,355	10

La grande roue à la Poncelet pouvant encore facilement faire marcher 4 grands tonneaux, dont l'exécution est projetée, et qui ne coûteraient que 16,000 francs, on pourrait tanner dans ces tonneaux, en sus des quantités ci-dessus :

975 gros bœufs et taureaux. .	54,244	»	99,215	»	44,971	»

On pourrait donc tanner avec les roues hydrauliques existantes, pendant une année, un total de :

11,993 gros et petits cuirs. . .	248,087	70	427,413	80	179,326	10

Mais comme il reste encore suffisamment de force motrice pour mettre en mouvement 50 tonneaux de plus, on arriverait, en faisant les dépenses nécessaires, à tanner dans une année dans ce seul établissement :

33,314 gros et petits cuirs. . .	689,130	»	1,187,258	»	498,128	»

Et en ajoutant à ces chiffres le produit des dix-huit tonneaux ci-dessus, on trouve un total général de :

	coûtant		rapportant		et donnant un bénéfice net de	
	F.	C.	F.	C.	F.	C.
45,307 gros et petits cuirs. .	937.217	70	1,614,671	80	677,454	10

Ainsi, avec 937,217 fr. 70 c. de cuirs en poils on peut, avec 68 tonneaux, et dans une année, tanner et corroyer ces cuirs et les revendre 1,614,671 fr. 80 c., ce qui donne de bénéfice 677,454 fr. 10 c.

CHAPITRE VI.

Pièces justificatives
et appel fait à tous les hommes de bonne foi.

L'auteur de cette brochure sait de combien de méfiances son
travail sera l'objet ; 1º il aura contre lui les gens routiniers que le
plus petit changement effraie, et malheureusement il sont nom-
breux ; 2º il aura encore à lutter contre les intéressés, c'est-à-dire
contre ceux qui sont dans l'impossibilité d'acquérir les conces-

sions de brevet qu'il est dans l'intention de céder, et de faire les dépenses nécessaires à la construction de l'usine indispensable pour tanner les cuirs par cette nouvelle méthode; 3° enfin, et ce n'est pas le moindre des obstacles qu'il aura à renverser, il lui faudra lutter contre la prévention ! prévention justifiée malheureusement par les nombreux essais infructueux de tous les innovateurs qui l'ont précédé dans cette partie.

C'est pourquoi quand l'inventeur des procédés décrits dans le chapitre IV, plus heureux que tant d'autres, eut pu accomplir son œuvre, il résolut, pour enlever tous les doutes, de convoquer une commission d'hommes honorables, et de fabriquer sous leurs yeux des quantités importantes de marchandises. Parmi les sept personnes qui composent cette commission, il en est trois dont la compétence ne peut être mise en doute. Ce sont M. OTT, ancien tanneur, qui s'est retiré des affaires après avoir pendant 35 ans exercé sa profession, et MM. Georges GEIGER, maître bottier et cordonnier à Illkirch, et Frédéric MURSCH, maître sellier à Illkirch, lesquels, par la nature de leurs métiers, sont appelés chaque jour à apprécier les diverses qualités de cuirs.

Voici les six procès-verbaux de cette commission.

Département du Bas-Rhin.

Arrondissement de Strasbourg, Commune d'Illkirch.

Constatation des résultats obtenus par le tannage économique et accéléré de M. Charles Knoderer, fabricant de cuirs à Strasbourg.

1er PROCÈS-VERBAL DE CONSTATATION.

A la requête de M. Ch. Knoderer, fabricant de cuirs à Strasbourg, nous soussignés :

Ott (Jacques), ancien fabricant de cuirs à Strasbourg,

Fux (Donat), propriétaire, suppléant du juge de paix du canton, membre de la Commission de Statistique, etc., etc.,

Mursch (Frédéric), maître sellier patenté à Illkirch,

Geiger (Georges), maître bottier et cordonnier à Illkirch,

Huther (Xavier), adjoint au maire d'Illkirch,

Palmer, propriétaire, membre du conseil municipal,

Et Schaeffer (Louis), conducteur des ponts et chaussées,

Nous sommes réunis le 16 juillet 1855 à l'usine de M. Knoderer, située à Illkirch, dans le but de former une Commission qui constaterait les produits obtenus par M. Knoderer, par un nouveau système de tannage plus économique et plus accéléré.

Après nous être rendu compte, par une discussion approfondie, de la mission que M. Knoderer exigeait de nous et des moyens à employer pour y arriver consciencieusement, nous avons arrêté ce qui suit :

1° Les peaux que la Commission aura à examiner seront toutes timbrées au moyen d'une estampille qui restera entre ses mains ;

2° Un homme désigné par la Commission, assermenté à cet effet, sera institué comme gardien, afin de noter tous les remaniements nécessaires à la fabrication et veiller à ce qu'aucune substitution de peaux d'un tonneau à l'autre ne puisse avoir lieu, ni aucune addition d'écorce autre que celle déclarée.

Ces dispositions prises et convenues avec M. Knoderer, nous nous sommes rendus dans l'intérieur de l'usine pour examiner le matériel de fabrication, et nous assurer qu'aucun agent autre que le jus d'écorce n'était employé pour le tannage pour lequel M. Knoderer est breveté.

Nous avons constaté que le matériel servant à l'exploitation du nouveau système consistait :

(Ici se trouve la description de l'usine et de son outillage.)

Après nous être rendu compte tant de la disposition du matériel que des moyens nouveaux employés au tannage, nous nous sommes fait représenter les produits obtenus par ce système.

Des marchandises de diverses natures arrivées à différents degrés de tannage nous ont été présentées par M. Knoderer, qui, d'après l'inscription de ses registres, nous a déclaré le temps et l'écorce qu'il avait employés à leur fabrication.

Comme il n'y avait pas de marchandises sortant du travail de rivière prêtes à être mises en fabrication, la Commission s'en est remise au jugement de MM. Ott, Mürsch et Geiger, pour les marchandises déjà façonnées, se réservant de constater dans une prochaine réunion le temps et l'écorce employés à un tannage complet.

Les produits soumis par M. Knoderer ont été trouvés de fort belle qualité, et le degré d'avancement du tannage constaté comparativement à l'ancienne méthode.

La Commission a examiné successivement :

Art. 1er. — 101 *veaux secs en poils* de 2 à 2 1/2 kil. pièce, pris au sortir du travail de rivière, ayant séjourné trente jours dans les machines rotatives, consommé 240 kil. d'écorce ; elle a trouvé leur tannage presque complet, et sur la déclaration de M. Knoderer, il devra être achevé dans 48 heures (ce qui sera ultérieurement constaté).

Art. 2. — 10 *collets de chevaux* et 69 *veaux* sortant du travail de rivière, après un séjour de 5 jours dans les tonneaux et 120 kil. d'écorce, avaient le même degré d'avancement qu'après six semaines de séjour dans les bassements et fosses à retraite, et une absorption de 480 kil. d'écorce.

Art. 3. — 45 *fortes vaches* salées vertes de Hollande, ayant d'abord eu 60 jours de fosse, puis mises dans les tonneaux avec 1320 kil. d'écorce, étaient amenées à moitié de leur tannage au bout de 10 jours de séjour dans les machines. Ces mêmes vaches auraient exigé 4 mois de fosse et 2,250 kil. d'écorce pour arriver à un pareil degré de tannage par l'ancien système.

Art. 4. — 29 *culées de chevaux* de première force, sortant du travail de rivière étaient arrivées aux 3/4 du tannage au bout de 40 jours avec 363 kil. d'écorce ; elles auraient exigé par la méthode ordinaire 8 mois avec 1102 kil. d'écorce.

Art. 5. — 28 *fortes vaches*, ayant eu 3 mois de fosse, étaient tannées aux 3/4 en 24 jours de séjour dans les tonneaux mobiles avec 25 kil. par vache ; pour arriver au même degré par la méthode ordinaire , il leur aurait fallu 4 mois de temps avec 50 kil. d'écorce par vache.

Art. 6. — 45 *vaches sèches en poils*, de tout poids , sortant du travail de rivière, 31 jours de tannage, 320 kil. d'écorce, plus les 1320 kil. d'écorce en partie usée, dans lesquels les 45 vaches ci-dessus avaient déjà séjourné pendant 10 jours. Les vaches pour croupons étaient tannées à fond , sauf les têtes ; les moyennes plus de moitié , les fortes à un tiers. Les mêmes quantités auraient exigé 3,380 kil. et un laps de temps de six mois pour arriver à un résultat semblable par l'ancienne méthode.

Après leur examen, ces marchandises ont été remises dans les machines rotatives pour y recevoir le complément de tannage dont la durée et l'addition d'écorce seront constatées par la Commission dans une seconde réunion et sur la convocation de M. Knoderer.

De tout quoi nous avons dressé le présent procès-verbal en double expédition , et que nous avons signé après lecture faite, les jours, mois et an que dessus, et par interprétation en allemand.

Avant de signer, la Commission a constaté que le gardien n'a pas pu exhiber encore le certificat de prestation du serment ; cette formalité sera remplie incessamment, et mention en sera faite dans un procès-verbal ultérieur.

Ont signé à la minute :

GEIGER, OTT, FUX, MURSCH, HUTHER, PALMER, SCHAEFFER et KNODERER.

Pour expédition conforme :

Le Secrétaire-général de la Commission :

L. SCHAEFFER.

2me PROCÈS-VERBAL DE CONSTATATION.

Les 19 et 24 juillet 1855, sur l'invitation de M. Knoderer, la Commission s'est réunie de nouveau dans l'usine d'Illkirch, où elle a constaté les faits suivants :

35 *collets de chevaux* et 3 *chevaux* à capotes, sortant du travail de rivière, ont été estampillés sous ses yeux, et déposés dans les machines rotatives, dans du jus et de l'écorce presque usés conservés dans ce but.

Les 101 *veaux* formant l'article 1er du 1er procès-verbal en date du 16 juillet, ont reçu le tannage complet en 32 jours, et ont été reconnus de belle qualité par M. Ott. Ils ont été rendus à la corroierie le 18, à 6 heures du soir, et sont prêts, aujourd'hui 24 juillet, à être livrés façonnés au commerce.

Parmi *les 45 vaches* formant l'article 6 du 1er procès-verbal, 17 ont été sorties des machines rotatives le 24 juillet, ayant été complètement tannées en 39 jours. Ces vaches, examinées par des experts compétents, ont été reconnues de belle qualité.

En foi de quoi nous avons signé le présent procès-verbal après lecture faite et interprétation en allemand.

A Illkirch, le 24 juillet 1855.

Signé à la minute :

OTT, FUX, GEIGER, MURSCH, PALMER, HUTHER, SCHAEFFER et KNODERER.

Pour expédition conforme :

Le Secrétaire de la Commission,

L. SCHAEFFER.

3me PROCÈS-VERBAL DE CONSTATATION.

La Commission s'est réunie de nouveau le 6 août 1855, à l'usine de M. Knoderer, où elle a constaté ce qui suit :

Art. 1er. — 12 *vaches* parfaitement tannées ont été retirées le 27 juillet, elles faisaient partie des 45 vaches de l'art. 6 du 1er procès-verbal.

Elles ont été tannées en 47 jours.

Art. 2. — 13 *bandes*, fortes vaches, provenant de l'art. 5 du 1er procès-verbal, parfaitement tannées au bout de 35 jours.

Art. 3. — 10 *collets de chevaux*, formant l'art. 2 du 1er procès-verbal, ont été retirés tannés à fond en 17 jours.

Art. 4. — Le 30 juillet, on a choisi *les 45 fortes vaches* salées vertes de Hollande, formant l'art. 3 du 1er precès-verbal, on en a trouvé 36 qui étaient parfaitement tannées , ont été rendues à la corroierie. Le même jour, les 9 *vaches* ont reçu un supplément de 211 kil. d'écorce, et leur tannage devra être achevé dans 8 à 10 jours, suivant le dire de M. Knoderer ; le tannage de ces vaches a donc exigé 2,363 kil. d'écorce, soit 63 kil. par vache, et la durée du tannage pour 36 d'entre elles n'a pas excédé 24 jours. La couleur et la qualité de ces vaches ne laissaient rien à désirer au sortir du tonneau. La Commission vient de s'assurer qu'après le corroyage, ces marchandises n'avaient rien perdu de leur qualité par la sèche , et que le poids annoncé par M. Knoderer s'est trouvé conforme à ses prévisions.

Art. 5. — Les 30 et 31 juillet, on a transporté à l'usine 80 *vaches* ayant reçu une 1re poudre en fosse, les membres compétents ont constaté que leur tannage n'était pas encore arrivé au tiers. Ces vaches ont été mises dans le même tonneau où se trouvait l'écorce ayant déjà servi au tannage des 45 vaches de l'art. 3 du 1er procès-verbal.

Art. 6. — Le 1er août, 129 *veaux* sortant du travail de rivière, ont été mis dans les tonneaux.

Art. 7. — Le 3 août, on a livré à la corroierie 11 *vaches* et 25 *culées*, dont le tannage était achevé, et correspondant aux art. 4, 5 et 6 du 1er procès-verbal.

Les culées avaient exigé 57 jours de tannage;

Les vaches provenant de l'art. 5, 42 jours, et celles de l'art. 6, 49 jours.

Art. 8. — Le 4 août, on a mis dans les tonneaux 21 *vaches*, 8 *bandes de taureaux* et 25 *culées* sortant du travail de rivière.

Art 9. — Le 6 août, on a livré à la corroierie 35 *collets* ou devants de chevaux, 3 *chevaux à capote* et 69 *forts veaux*, ayant reçu au total 622 kil. d'écorce.

Les 35 *collets* et les 3 *capotes* provenant du 1er article du 2e procès-verbal, étaient tannés à fond en 17 jours, et les 69 *veaux* provenant du 2e art. du 1er procès-verbal, en 26 jours.

En résumé, la Commission atteste que toutes les prévisions de M. Knoderer ont été réalisées sous ses yeux, et qu'il les a toujours dépassées sous le rapport du laps de temps, de l'écorce employée, soit enfin sous celui de la qualité supérieure de ses produits.

De tout quoi nous avons dressé le présent procès-verbal, les jour, mois et an que dessus, et que nous avons signé après lecture faite et par interprétation en allemand.

La Commission constate en outre que le gardien préposé par

elle a prêté le serment par devant M. le juge de paix du canton de Geispolsheim, et que le certificat lui a été présenté.

Signé à la minute :

Ott, Fux, Mursch, Geiger, Palmer, Huther, Schaeffer et Knoderer.

Pour expédition conforme :

Le Secrétaire de la Commission,

L. Schaeffer.

4me PROCÈS-VERBAL DE CONSTATATION.

Cejourd'hui 20 août 1855, la Commission, sur l'invitation de M. Knoderer, s'est réunie à l'usine d'Illkirch, afin de constater les résultats obtenus depuis sa dernière réunion. Après avoir examiné le carnet tenu sur place par son gardien, et entendu les déclarations des membres compétents qui ont suivi journellement les opérations, elle a constaté les résultats suivants :

Art. 1er. — Le 11 août, on a livré à la corroierie 55 *vaches* provenant de l'art. 3 du 1er procès-verbal; ces vaches ont été *complètement tannées en 35 jours* avec 35 *kil. d'écorce par vache.*

Art. 2. — Le 12 août, 117 *veaux*, sortant du travail de rivière, ont été estampillés par le gardien et mis dans un jus d'écorce usée.

Art. 3. — Le 13 août, 17 *vaches et 15 culées de chevaux*, sortant du travail de rivière, ont été réunies aux 24 vaches, 8 bandes de taureaux et 25 culées de chevaux, formant l'art. 8 du 3e procès-verbal en date du 7 août, pour compléter ce tonneau.

Art. 4. — Le 14 août, 14 *vaches*, ayant reçu deux poudres en fosse, ont servi à compléter le tonneau contenant déjà 9 culées et 10 vaches provenant des art. 4 et 6 du 1er procès-verbal. Ces marchandises ont reçu ensemble 491 kil. 50 d'écorce.

Art. 5. — Le 18 août, livré à la corroierie 13 *vaches*, dont 4, les plus fortes, formant le solde de 45 vaches vertes de Hollande, de l'art. 3 du 1er procès-verbal, ont reçu un *tannage complet* en 41 *jours* avec 74 *kil. d'écorce par vache.*

Les 9 autres faisaient partie de l'art. 6 du 1er procès-verbal, et ont été *tannées en* 64 *jours* après absorption *de* 28 *kil. d'écorce par vache.*

Nota. Ce dernier article avait marché dans l'écorce conservant encore une forte partie du principe tannant (pendant quelques jours).

Art. 6. — Le 20 août, 57 *vaches* ont été livrées à la corroierie, elles faisaient partie des 80 vaches formant l'art. 5 du 3e procès-verbal, et ont été mises en œuvre les 30 et 31 juillet.

Le tannage complet de ces vaches a été opéré en 21 *jours* avec 2,143 kil. d'écorce, *soit* 26 *kil.* 50 *par vache.*

Ces produits examinés soigneusement par les membres compétents, MM. Ott, Mürsch et Geiger, ont été reconnus de belle qualité et tannés à fond. M. Ott, chargé à cet effet par la Commission, suivra les manipulations de la corroierie, pour s'assurer si les façons successives ne feront rien perdre à la qualité supérieure que les peaux avaient en sortant du tannage, et si leur rendement en poids confirmera les prévisions de M. Knoderer.

Ces observations seront consignées dans un procès-verbal ultérieur.

De tout quoi nous avons dressé le présent procès-verbal, les jour, mois et an que dessus, et avons signé après lecture faite et interprétation en langue allemande.

Ont signé à la minute :

OTT, MURSCH, GEIGER, FUX, HUTHER, PALMER, SCHAEFFER et KNODERER.

Pour expédition conforme :

Le Secrétaire de la Commission ,

L. SCHAEFFER.

5me PROCÈS-VERBAL DE CONSTATATION.

La Commission instituée pour constater les résultats obtenus par la nouvelle méthode de tannage accéléré et économique dont M. Knoderer est l'inventeur, et pour laquelle il est breveté, s'est réunie aujourd'hui 6 septembre 1855, à l'usine d'Illkirch, siége de l'établissement, afin de constater les faits qui se sont réalisés depuis sa dernière réunion.

Après s'être fait présenter le carnet des opérations journalières tenu par son gardien assermenté et l'avoir comparé avec les registres de M. Knoderer, elle constate et certifie les faits suivants :

Avant d'être livrées à la corroierie, les marchandises détaillées ci-dessus ont été examinées et vérifiées, quant à leur tannage, par les membres compétents, MM. Ott, Geiger et Mürsch, qui les ont reconnues d'une belle couleur et tannées à fond.

Art. 1er. — Le 21 août, 100 *veaux*, 18 *collets de chevaux* et 3 *chevaux à capote*, sortant du travail de rivière, ont été mis en œuvre.

Art. 2. — Le 22 août, 8 *bandes vaches et bœufs*, ayant reçu 2 poudres en fosse, ont été mises dans les machines rotatives.

Art. 3. — Le 23 août, 11 *vaches et bœufs* ont été mis dans les tonneaux, sortant du travail de rivière.

Art. 4. — Le 27 août, 10 *taureaux entiers*, ayant eu 2 poudres en fosse, et 36 *culées*, ayant reçu une poudre, ont été mis dans les tonneaux mobiles.

Art. 5. — Rendues à la corroierie 30 *bandes vaches et bœufs*, *tannées en 27 jours* avec 58 *kil.* 50 d'écorce par vache.

(Ces marchandises correspondent à l'art. 5 du 3ᵉ procès-verbal.)

Art. 6. — Le 28 août, 21 *collets de chevaux*, 12 *vaches et* 52 *veaux*, sortant du travail de rivière, ont été mis en œuvre.

Art. 7. — Le 1ᵉʳ septembre , 8 *veaux et* 16 *vaches*, sortant du travail de rivière, ont été mis en œuvre.

Art. 8. — Le 1ᵉʳ septembre , rendus à la corroierie 129 *veaux* pesant 6 kil. en raie, frais de boucherie, *tannés en* 31 *jours avec* 191 *kil.* 50 *d'écorce.* (Ces veaux correspondent à l'art. 6 du 3ᵉ procès-verbal.)

Art. 9. — Le 5 septembre, rendus à la corroierie 8 *vaches et bœufs* , *tannés en* 35 *jours, avec* 58 *kil.* 50 *d'écorce*, formant le solde de l'art. 5 du 3ᵉ procès-verbal..

Art. 10. — Le 5 septembre , 8 *bandes vaches et bœufs, tannées en* 21 *jours avec* 18 *kil.* 50 *d'écorce* , correspondant à l'art. 4 du 4ᵉ procès-verbal.

Art. 11. — Le 5 septembre , 4 *bandes vaches* , *tannées en* 13 *jours avec* 18 *kil.* 50 *d'écorce*, correspondant à l'art. 2 du présent procès-verbal.

Art. 12. — Le 6 septembre, 2 *bandes vaches et bœufs, tannées en* 50 *jours avec* 51 *kil. d'écorce*, correspondant à l'art. 5 du 1ᵉʳ procès-verbal.

Art. 13. — Le 6 septembre, rendus à la corroierie 117 *veaux*, *tannés en* 24 *jours avec* 127 *kil. d'écorce* , correspondant à l'art. 2 du 4ᵉ procès-verbal.

Art. 14. — Le 6 septembre, 18 *collets de chevaux, tannés en 15 jours* avec 54 *kil. d'écorce.*

Art. 15. — Le 6 septembre, 3 *chevaux à capote, tannés en 14 jours* avec 12 *kil. d'écorce* ; ces deux derniers objets provenant de l'art. 1er du présent procès-verbal.

Art. 16. — Le 6 septembre, 26 *culées de chevaux, tannées en 8 jours* avec 364 *kil. d'écorce ;* ces culées correspondent à l'art. 4 du procès-verbal de ce jour.

M. Ott, chargé par la Commission de suivre le corroyage et les autres manipulations des peaux sortant du tannage par la nouvelle méthode, s'est assuré que celles livrées au commerce avaient un poids relatif supérieur aux peaux tannées par l'ancienne méthode, et que leur qualité était au moins équivalente.

La Commission, désirant se rendre compte à mesure de l'avancement de ses opérations, des résultats obtenus et des perfectionnements successifs de la nouvelle méthode, a chargé son secrétaire de dresser un tableau résumé de ses procès-verbaux, et après l'avoir vérifié, elle a comparé les quantités qui en ressortaient avec celles nécessaires pour le tannage ordinaire.

Ces derniers renseignements lui ont été fournis par les membres compétents et par les extraits des livres de commerce de M. Ch. Knoderer.

Elle a déduit de là les avantages de la nouvelle méthode, en les rapportant au taux du cent.

Ce tableau résumé a été signé par nous, pour être annexé au présent procès-verbal.

De tout quoi nous avons dressé le présent procès-verbal le 6 septembre 1855, que nous avons signé après lecture faite, et par interprétation en allemand.

Ont signé à la minute :

Ott, Fux, Mursch, Geiger, Palmer, Hutter, Schaeffer et Knoderer.

Pour expédition conforme :

Le Secrétaire de la Commission,

L. Schaeffer.

6me ET DERNIER PROCÈS-VERBAL DE CONSTATATION.

Pour terminer ses opérations, la Commission qui s'est constituée pour constater les résultats de la nouvelle méthode de tannage pour laquelle **M. Knoderer** est breveté, après avoir résumé les faits particls inscrits dans ses procès-verbaux précédents et extrait les inscriptions journalières de son gardien assermenté, certifie les faits suivants :

1° — 300 *Vaches et bœufs* ont été *tannés en 49 jours* avec 7,800 k. d'écorce, soit 26 *k. par vache.*

2° — 19 1/2 *Taureaux* ont été *tannés en 72 jours*, avec 819 k. d'écorce, soit 42 *k. par taureau.*

3° — 9 *Cuirs forts* ont été *tannés en 66 jours*, avec 333 k. d'écorce, soit 37 *k. par cuir.*

4° — 27 *Chevaux et vaches à capote* ont été *tannés en 24 jours*, avec 172 k. d'écorce, soit 6 *k.* 1/2 *par pièce.*

5° — 1,087 *Veaux* ont été *tannés en 28 jours*, avec 2,282 k. d'écorce. soit 2 *k.* 1 *par veau.*

6° — 535 *Collets de chevaux* ont été *tannés en* 24 *jours,* avec 2,942 k. d'écorce, soit 5 *k. 1/2 par collet.*

7° — 241 *Culées de chevaux* ont été *tannées en* 42 *jours,* avec 2,410 k. d'écorce, soit 10 *k. par culé-*

Il résulte des opérations faites sous les yeux de la Commission qui a fonctionné depuis le 16 juillet jusqu'au 8 novembre 1855, que la méthode de M. Charles Knoderer apporte dans la fabrication des cuirs une économie de 70 pour cent dans l'écorce employée, et de 85 pour cent dans le nombre de jours nécessaires à l'opération du tannage proprement dit.

Les membres compétents de la Commission, MM. Ott, tanneur, Geiger, maître cordonnier-bottier, Mürsch, maître sellier-bourrelier, déclarent en outre que les marchandises tannées par le nouveau procédé ont été reconnues par eux, après leur corroyage, et qu'ils les ont trouvées d'une qualité supérieure.

En foi de quoi nous avons clos nos opérations et signé ce dernier procès-verbal définitif.

A Illkirch, le 10 novembre 1855.

Ont signé à la minute :

Oтт, Fux, Mursch, Geiger, Palmer, Hutter, Schaeffer et Knoderer.

Pour expédition conforme :

Le Secrétaire de la Commission,

L. Schaeffer.

Et maintenant, a ceux qui douteraient encore, nous dirons : Venez à Illkirch, c'est avec plaisir que nous vous laisserons visiter nos usines, aux tanneurs, nous ajouterons : Marquez des peaux en poils, envoyez-les nous, et nous vous les rendrons tannées dans le temps annoncé plus haut. Mais si, malgré toutes ces offres, si, malgré ces preuves, nous entendons encore nier cette vérité constatée dix fois par nous et par d'autres que l'on peut, avec de l'eau, du tan, du mouvement, et sans le secours d'acides, tanner aussi promptement que nous l'annonçons, il nous sera permis de dire, en paraphrasant ces quelques mots devenus célèbres : La vérité est comme le soleil, aveugle qui ne la voit pas.

CHAPITRE VII.

**Nouveaux renseignements de la plus haute
importance,
autres pièces justificatives.**

Cette brochure terminée, voici une nouvelle pièce qui m'arrive,
et dont l'impartialité ne pourra être mise en doute par personne.

La ville d'Avignon ouvre une voie nouvelle au commerce en
faisant de ses foires une exposition des produits français. Elle
donne aux autres villes de la France un exemple qui, s'il était
suivi, aurait bientôt régénéré notre commerce; en effet, afin d'en-
gager les fabricants à n'envoyer sur ses marchés que de belles

qualités de produits, elle fait une enquête chez les consommateurs pour connaître les meilleures marchandises dont ses foires ont été alimentées, et récompense leurs fabricants.

La médaille que m'annonce la lettre suivante m'est donc décernée sur l'avis des marchands de cuirs, cordonniers-bottiers, selliers, bourreliers dans les mains desquels ont passé les cuirs tannés par mon nouveau système.

Et c'est la marchandise, si je puis m'exprimer ainsi, qui a parlé en ma faveur, puisque jamais je n'ai *personnellement* visité Avignon.

Voici cette lettre :

MAIRIE D'AVIGNON.

« Avignon, le 21 février 1856.

« Monsieur,

« J'ai le plaisir de vous annoncer que l'administration munici
« pale vient de vous décerner une médaille honorifique pour les
« produits que vous avez apportés à notre foire de la Saint-
« André 1855.

« Je suis heureux d'être l'interprète de ce témoignage de sa
« tisfaction et de la distinction honorable dont vous êtes l'objet,
« et je vous prie d'en agréer mes félicitations.

« Je pense, Monsieur, que vous continuerez à fréquenter nos
« foires, et que nous sommes assurés de votre concours pour
« engager vos confrères à se rendre au grand marché du 29 mars
« prochain, époque à laquelle vous sera remise la médaille ; nous

« espérons que vous vous rendrez à Avignon pour la recevoir des
« mains de l'autorité locale, et que vous continuerez à apporter
« en quantité les produits de votre fabrique.

« Nous n'adressons point de circulaires pour annoncer notre
« grand marché, la présente lettre vous en tiendra lieu.

« Je vous prie, par une réponse directe, de me faire connaître
« vos nom et prénoms, afin que je puisse les envoyer à Paris
« pour les faire graver sur la médaille qui vous est destinée.

« En attendant le plaisir de vous lire, agréez mes salutations.

« Votre tout dévoué,

« A. GUITARD,

« Chef de bureau chargé des foires et marchés. »

Quelques personnes des plus compétentes sont venues depuis visiter mon exploitation. Je citerai en particulier des maîtres ouvriers de la plus haute distinction, MM. Renard et Vallée, l'un ancien contre-maître des tanneries de M. Peltereau, à Château-renault, l'autre attaché à la célèbre maison Courtépée, de Paris. Je citerai aussi M. Dussard, ancien Préfet de Rouen, ancien Conseiller d'Etat, ancien Directeur du chemin de fer de Rouen, ancien Propriétaire de Tanneries, Propriétaire actuel des procédés de Turnbull, et auteur d'une excellente brochure sur la tannerie. Je citerai encore, M. Charles Vincent, rédacteur de *l'Innovateur, Moniteur de la Cordonnerie*, dont les connaissances spéciales sont appréciées de toutes les personnes compétentes ; M. Léon Plée qui n'est pas seulement un écrivain politique, et qui montre,

7

tous les jours, dans le journal *le Siècle*, son aptitude à traiter les questions scientifiques et industrielles.

Voici les témoignages que j'ai reçus de MM. Renard et Vallée :

Nous soussignés, Jean-Baptiste RENARD, ancien contre-maître général de la Tannerie de M. Placide-Peltereau jeune, de Châteaurenault (Indre-et-Loire), pendant dix ans et jusqu'au 5 août 1855, et actuellement contre-maître général de la Tannerie d'Aubervilliers, appartenant à M. Théroulde, du Crédit Maritime, et Henry-François VALLÉE, ancien tanneur et corroyeur, actuellement attaché à la Maison Courtépée-Duchesnay, à Paris, rue Française, 6 et 8; déclarons que ce qui suit est la vérité.

Moi, Renard, ayant été envoyé à Strasbourg par plusieurs personnes de Paris, désireuses de prendre une part importante à la Société en commandite que M. Charles Knoderer est dans l'intention de fonder pour l'exploitation de ses brevets, qui ont pour but d'accélérer le tannage sans l'emploi d'acide, et de faire gagner du poids et de la qualité aux peaux tannées par ce système;

J'ai quitté Paris mercredi soir, 27 février, et suis arrivé jeudi matin, 28, à l'usine d'Illkirh, et là M. Knoderer fit ouvrir successivement tous les tonneaux servant au tannage des différentes espèces de cuirs, se composant de veaux de toutes forces, devants de chevaux, culées de chevaux, chevaux à capote, vaches à capote, vaches dérayées en tripe pour la coupe des tiges et pour le croupon ordinaire, vaches et bœufs de toutes espèces pour lissé et cuir noir, enfin des taureaux de première force; et j'ai pu constater que ces cuirs de semelles, d'empeignes, de sellerie et de courroies de mécaniques, réunissent au plus haut degré les qualités que l'on recherche dans les cuirs, suivant les usages auxquels ils sont destinés.

Ce qui m'a le plus étonné, c'est la finesse de ces cuirs à la coupe, et de voir que les peaux les plus maigres étaient très bien montées et bordées dans les flancs, ce qui doit nécessairement donner à ce cuir un poids supérieur, et de beaucoup, à tout ce que nous obtenons dans les tanneries ordinaires.

La couleur de ces cuirs est magnifique et surtout très égale. Bien qu'ayant suivi de tonneau en tonneau les divers degrés de tannage, j'ai voulu constater par moi-même, et j'ai pris 50 veaux sortant du travail de rivière que j'ai marqués et jetés dans un tonneau différent, contenant une écorce ayant déjà servi; émerveillé et convaincu par les premiers résultats, et ne voulant pas assumer sur moi la responsabilité de proclamer la bonté de ce système, sachant combien les confrères en tannerie sont peu croyants, j'ai écrit à M. Vallée, dont l'honorabilité et la capacité sont connues de tous, de venir immédiatement à Strasbourg, ce qu'il s'est empressé de faire; et il est arrivé à l'usine d'Illkirch le lundi 3 mars courant, accompagné de M. Dussard, ancien Conseiller d'Etat et ancien directeur de tannerie, et propriétaire de nouveaux procédés de tannage, et de MM. Schnéegans, agent de change à Strasbourg, Léon Plée, rédacteur du journal *le Siècle*, et Charles Vincent, rédacteur en chef de l'*Innovateur, Moniteur de la Cordonnerie;* et là M. Vallée a pu constater, ainsi que moi, ce qu'il y a de merveilleux dans ce système, où il n'entre que de l'eau et de l'écorce. J'ai, en présence de ces messieurs, sorti les 50 veaux et les 12 vaches mises la veille, qui, quoiqu'ils n'aient que 3 et 4 jours de séjour dans les tonneaux, avaient la couleur égale, vive, et le grain très fin, si bien que l'on eût cru que ces peaux avaient 3 semaines de cuve par le tannage ordinaire ; elles étaient gonflées et d'un moelleux vraiment surprenant. Nous avons donc été, par ces expériences, convaincus de la vérité de tout ce que M. Knoderer avait avancé, et nous regrettons que tous les tanneurs ne puissent pas, comme nous, s'en convaincre, car on ne tannerait plus par d'autres systèmes, puisque l'on a économie de temps et d'écorce, et qu'on obtient poids et qualité supérieurs.

Nous avons pu juger, par les peaux corroyées, que ce que nous avions prévu arrivait, c'est-à-dire que les peaux n'étant pas fosselées au tannage, le corroyage en est plus facile et économise la main-d'œuvre.

Nous avons vu, moi et M. Vallée, bien des systèmes jusqu'à ce jour, et pas un n'approche de celui de M. Charles Knoderer ; c'est pourquoi nous lui avons offert de grand cœur le présent certificat, en l'autorisant à en faire l'usage qui lui conviendra, heureux de profiter de cette occasion d'être utile à notre profession.

Strasbourg, 4 mars 1856.

Signatures : Vallée et Renard.

Voici maintenant la lettre de M. Dussard :

Monsieur,

J'ai accepté avec plaisir l'offre que vous m'avez faite de venir visiter **vos** établissements d'Illkirch, et d'y prendre connaissance de vos nouveaux procédés de tannage. Je viens vous dire l'impression que m'a causée cette visite.

Je partage complètement votre opinion sur les principes et la base fondamentale du tannage; on ne tanne bien qu'avec du tan, et je vous félicite de n'avoir pas cherché dans l'emploi d'autres substances pour l'économie et l'accélération de méthode. Vous aviez une assez grande marge dans la prodigalité extravagante des tanneurs actuels.

En effet, j'ai constaté déjà plusieurs fois que dans le tannage tel qu'il est pratiqué de temps immémorial, le tanneur n'utilise guère que le tiers au plus du tannin contenu dans l'écorce qu'il emploie, le reste est absolument perdu, décomposé, transformé en acide gallique impropre au tannage.

Dans le procédé que vous employez, la fermentation ne s'établit que très difficilement, vous conservez donc à vos écorces toute leur puissance, et vous utilisez ainsi une partie considérable de tannin perdu dans l'ancien procédé. Bien donc qu'il ne nous ait pas été donné de suivre, en un jour, une opération qui dure encore avec votre procédé de 1 mois à 4 mois, j'ai pu parfaitement me rendre compte de l'économie d'écorce que vous devez nécessairement obtenir. Votre méthode d'opérer l'indique à tous les hommes un peu versés en ces matières, et, d'ailleurs, les procès-verbaux dressés par les experts qui ont suivi votre fabrication de juillet en novembre dernier, ne doivent laisser aucun doute à cet égard.

Quant à l'accélération que vous obtenez, et qui, vu les capitaux nécessaires à l'industrie du tanneur, est un progrès remarquable, elle est palpable. Il est bien évident que le mouvement constant des cuirs dans les jus accélère le tannage, et le tannage *dit à la flotte*, pratiqué surtout en Angleterre pour les marchandises légères le prouve assez; mais chacun sait que ce tannage laisse beaucoup à désirer, que les peaux qui y sont soumises restent ouvertes et ne prennent pas de consistance, et j'avoue qu'avant de voir votre travail je redoutais pour vous le même inconvénient.

Je suis bien aise de constater, monsieur, que mes craintes n'étaient pas fondées; les marchandises que vous m'avez montrées étaient, à tous les degrés d'avancement, d'un aspect complètement satisfaisant sous tous les rapports. Des veaux jetés dans l'un de vos appareils vendredi dernier, présentaient dès lundi, jour de ma visite, l'aspect de veaux ayant déjà au moins 15 à 20 jours en basserie, le grenage en était surtout d'une régularité très satisfaisante; j'en dirai autant de 12 vaches que vous avez fait retirer devant nous, et qui n'avaient qu'un jour de plus que les veaux. Enfin, et c'est là un point essentiel vos marchandises, en avançant, ne tombent pas comme il arrive si souvent, et les parties inférieures, les flancs m'ont paru aussi pleins, plus pleins même qu'ils ne le sont dans la méthode ordinaire. Je ne doute nullement, dès lors, que vous n'obteniez de plein saut et très facilement le résultat après lequel courent tous les tanneurs, *le poids*. Pour eux c'est un résultat unique, puisqu'ils ne peuvent obtenir d'accélération marquée, ni surtout cette économie d'écorce qui me paraît cependant le plus notable perfectionnement qu'il y ait lieu de chercher, et que vous avez enfin obtenu sur de larges proportions, ainsi qu'il résulte des procès-verbaux de votre commission.

Vous m'avez demandé mon avis sur la situation de vos usines

et sur la force motrice dont vous pouvez disposer. Je trouve, monsieur, que vous êtes placé dans des conditions presque exceptionnelles. Les chutes que vous pouvez utiliser ne doivent guère s'élever à moins de 90 chevaux effectifs, si vous y placez un appareil perfectionné comme la turbine de Fourneyron, par exemple ; et avec une pareille force, je crois très fermement que vous pouvez mettre en mouvement au moins cent de vos appareils, car il ne faut pas oublier que tous ne se meuvent pas en même temps, que leur mouvement est lent, qu'après tout le liquide des tonneaux n'est pas entraîné dans le mouvement, et qu'enfin les cuirs se mouvant en partie dans le liquide, le poids à soulever par le bras du levier est en définitive peu considérabl

Permettez-moi de vous féliciter, monsieur, des résultats que vous avez obtenus, et de votre persistance à vaincre les obstacles ; il ne vous reste plus qu'à employer vos capacités à assurer le succès de votre entreprise et la fortune de ceux qui ont confiance dans les hommes de progrès.

Recevez, monsieur, l'assurance etc.

J.-F. DUSSARD,

Propriétaire des procédés Turnbult.

Strasbourg, 5 mars 1856.

M. Charles Vincent, à diverses reprises, a donné son approbation à mes procédés dans *l'Innovateur, Moniteur de la Cordonnerie.* Je citerai particulièrement les passages suivants.

La nouvelle tannerie de M. Knoderer est établie à quelques kilomètres de Strasbourg, à Illkirck, dans une propriété qui fut autrefois un moulin à tabac appartenant au gouvernement, et qui possède une magnifique chute d'eau dont la force motrice est très utile au système de ce fabricant de cuirs.

Un tanneur qui entrerait dans cette usine ne pourrait jamais croire que là on fabrique du cuir, et cependant les résultats de M. Knoderer sont surprenants ; et avant cinq ans, nous ne craignons pas de l'avancer, toutes les grandes tanneries françaises auront acheté à M. Knoderer le droit d'exploiter son brevet.

Comme toutes les inventions qui ont fait une rénovation complète dans les industries où elles se sont produites, celle de M. Knoderer est d'une grande simplicité ; cependant, on se rend compte, en l'examinant de près, des difficultés sans nombre qu'il a eues à vaincre.

Nous savons bien qu'on criera à l'erreur et qu'on citera des exemples nombreux de ceux qui ont tanné vite à l'aide d'acides ajoutés au tan, et qui brûlent le cuir ; mais ici rien de tout cela, et sans révéler le secret de M. Knoderer, nous allons essayer de faire comprendre comme quoi le système de ce fabricant est économique et prompt, sans en rien altérer les peaux.

Tous ceux qui se sont occupés de tannerie savent que l'été on tanne plus vivement que l'hiver, parce que le tan pénètre plus facilement dans la peau et opère avec plus de rapidité la transformation de l'albumine et de la gélatine qu'elle contient en cette matière inaltérable, insoluble et imputrescible qui devient le cuir. Des peaux, pour être tannées en été, demandent un quart de temps en moins que pour être tannées en hiver. C'est pourquoi quelques tanneurs ont essayé d'activer leur fabrication en tannant à l'aide de jus chaud ; mais cette chaleur factice, coûteuse d'abord, a pour effet immédiat de décomposer l'écorce dans des conditions tout-à-fait différentes de celles qui sont le résultat de la chaleur naturelle, et, de plus, la chaleur factice dilate la peau soumise à son influence, décompose une partie de la gélatine, et par conséquent fait perdre une grande partie de son poids et de son imperméabilité à la peau soumise à son action délétère.

M. Ch. Knoderer a trouvé le moyen de maintenir constamment les peaux à la température de nos grandes chaleurs, et c'est cette chaleur *naturelle* qu'il peut élever ou abaisser à son gré, qui forme la base principale de son ingénieux système.

Quant à l'économie qu'il obtient sur les écorces, elle est aussi facile à expliquer que celle qu'il obtient sur le temps. En effet, les fosses où gisent les peaux dans les tanneries ordinaires sont exposées à l'air qui enlève à l'écorce une portion notable de son principe tannant; on sait également ce qui se perd de tan quand on donne des poudres aux peaux.

Avec le système de M. Ch. Knoderer, pas une parcelle de l'écorce n'est perdue; *enfin nous avons vu, de nos yeux vu, ce qu'on appelle vu.*

CHARLES VINCENT.

Quant à M. Léon Plée dont le caractère honorable est apprécié de tous ceux qui le connaissent et le lisent, je ne puis mieux faire que de citer l'article qu'il a bien voulu me consacrer dans le *Bulletin du Commerce et de l'Industrie* du 9 mars courant, ce dont je suis heureux de le remercier ici; cet article est d'autant plus remarquable qu'il sauve l'aridité du fond par le gracieux de la forme qui est à la fois savante et poétique :

Les grandes Industries. — Les Cuirs et les Peaux.

Personne encore n'a songé en France à faire jaillir en étincelles vives et populaires, cette riche poésie qui cache au fond de nos ateliers ses filons inépuisables. Quelques poètes, à la suite des chantres georgiques, daignent parfois célébrer la terre, les moissons, les champs et les grands bœufs patients qui nourrissent le monde; Mais ils croiraient déroger, si, quittant le pain et la vigne, ils pénétraient, soit dans la forge embrasée dont le marteau assouplit le fer, soit dans les vastes flancs de la fabrique dont les métiers toujours battants donnent aux fils du lin ou à ceux de la soie les formes les plus inattendues. La mine au sein déchiré, avec sa population cyclopéenne, la carrière béante, le chantier où les bois s'amoncellent, la charbonnerie éclairant de sa lueur couverte les profondeurs de la forêt, les trains de chênes et de sapins entrelacés qui descendent le fleuve, mille autres admirables tableaux de l'industrie humaine appellent vainement le poète, qui s'illustrerait en les retraçant dans toute leur naïve beauté. On passe à côté d'eux. On va chercher bien loin une poésie qui fuit devant l'imagination rebelle; on semble ignorer qu'il est une poésie toute faite, dans les trésors de laquelle on peut puiser à mains pleines, et que cette poésie est là, près de soi, à terre, pour ainsi dire, et sous mille et mille formes, souriante ou magique, naïve ou grandiose, sinistre ou reposante, consolatrice ou terrible, emportée ou recueillie, et toujours intéressante, toujours réelle !

Pour moi, j'ai dans ma bibliothèque un vieux livre de Nuremberg dont chaque page contient une de ces inimitables gravures que l'Allemagne du seizième et du dix-septième siècle seule sut faire et qui représentent les industries humaines. J'avoue qu'en présence de ce musée du labeur de l'homme, je suis saisi d'une admiration toujours nouvelle; une promenade dans ce charmant vieux Louvre des arts et des métiers m'impressionne aussi vivement qu'une visite au Louvre des rois. Qu'ils sont beaux, grands, variés, et surtout respectables, ces robustes travaux de la main, si méprisés par presque toutes les littératures ! Que de richesses inépuisables ils contiennent ! Combien l'écrivain et le peintre ont tort de les délaisser, et quelle gloire serait réservée à celui qui saurait relever nos travailleurs à leurs propres yeux en leur montrant la poésie de chacun de leurs métiers !

J'ai besoin de faire cette profession de foi pour m'excuser d'avoir, à deux reprises, été au loin, à cent vingt lieues de Paris, visiter non pas une usine gigantesque, non pas quelque haut-fourneau grand comme les pyramides, mais une bien simple, une bien humble exploitation industrielle, la tannerie d'Illkirch, près de Strasbourg.

Qu'est cela, une tannerie, vont me dire bien des gens ? N'est-ce pas cette

affreuse chose encombrée de peaux saignantes, entrecoupée de ruisseaux jaunâ-
tres et de fosses puantes et bordées de hauts échafaudages, sur lesquels sèche
le combustible économique du foyer des pauvres ?

Oui, messieurs les dédaigneux, la tannerie ancienne offrait des exploitations
ayant une certaine ressemblance avec cela. Mais la nouvelle tannerie française,
celle dont M. Charles Knoderer, un jeune et savant industriel alsacien, est
l'ardent et infatigable promoteur, n'a rien de ce triste aspect. Il est vrai que le
système de M. Knoderer est à lui seul toute une révolution dans le domaine des
cuirs et des peaux, dans ce domaine commercial presque incommensurable.

Pour le faire comprendre et faire comprendre l'objet de notre double visite, il
faut dire un mot des peaux et des cuirs eux-mêmes.

Ils constituent une des grandes industries de la France. En effet, les cuirs et
les peaux ne servent pas seulement à la chaussure de l'homme, à certaines
parties de sa coiffure ou de son vêtement, au harnachement des chevaux, à la
fabrication des voitures; ils sont nécessaires à une foule d'états et de métiers.
Par exemple, ce que nos grandes usines emploient de cuir pour les courroies qui
servent à communiquer le mouvement de leurs machines est inimaginable. Les
fabriques de drap pour leurs cardes, l'ébénisterie pour une foule d'objets mobi-
liers en emploient aussi considérablement. Un soldat en use, à lui seul, pour
plus de 30 fr. par année en moyenne, si bien que c'est par centaines de millions
que l'industrie des cuirs et des peaux procède. C'est donc une des industries les
plus riches et les plus universelles. Quant à la France en particulier, elle est une
de nos gloires. Les nations étrangères achètent par an pour plus de soixante mil-
lions de nos cuirs ou de nos ouvrages en cuir et en peau.

Or, jusqu'à présent, pour préparer le cuir, nos tanneurs avaient un moyen
presque barbare. Lorsque le cuir enlevé à la bête abattue avait été nettoyé, et
ce que l'on appelle débourré et travaillé en rivière, on le jetait simplement
dans des fosses pêle-mêle avec de l'écorce en quantité considérable. Ainsi en-
foui, le cuir se tannait tout seul, mais au bout d'un laps de temps très consi-
dérable. Par exemple, pour préparer un cuir fort, certaines maisons mettaient
deux ans et plus. On juge par là de l'immense quantité des capitaux qui étaient
enfouis, surtout si l'on veut bien considérer la valeur intrinsèque d'un simple

cuir de bœuf, de taureau, de cheval, de vâche ou de veau. Des centaines de millions de francs dormaient ainsi dans la terre, et leur produit n'était réalisable qu'au bout de leur long sommeil.

Il résultait de là les plus grands inconvénients. Ainsi en temps de guerre on cherchait vainement le cuir nécessaire aux armées. Il fallait attendre le bon vouloir des fosses séculaires. On avait alors recours à toutes sortes de procédés chimiques pour accélérer le tannage du cuir, c'est-à-dire pour le faire arriver à cet état d'incorruptibilité et de souplesse où il doit être pour servir aux divers usages auxquels on le destine. Ces procédés produisent une notable accélération, mais altéraient les qualités. Le cuir devenait sec, cassant, et nos armées, comme celles de la première République, allaient pieds nus. Les chevaux manquaient de selles et de harnachement, et l'artillerie de courroies.

Grâce à la révolution bienfaisante que va opérer M. Charles Knoderer, rien de semblable ne peut plus arriver. Le cuir ne dormira plus du sommeil de la belle au Bois-Dormant dans les fosses, où il lui fallait de si longs mois pour gagner de la souplesse, de la consistance, du grain et du poids. L'inventeur strasbourgeois fait servir une grande chûte d'eau à la mise en mouvement de plusieurs immenses tonneaux ou cylindres renfermant des écorces et des jus d'écorces à divers degrés. Les cuirs, au sortir du travail de rivière, sont jetés dans ces tonneaux, et le mouvement leur donne bientôt en quelques jours ou en quelques semaines toutes les qualités qu'ils acquéraient autrefois dans les fosses.

Rien n'est plus simple, comme on le voit. Mais il en est de cela comme de l'œuf de Christophe Colomb, ce sont les choses les plus simples qui font les révolutions. Quoi de plus simple que d'enfermer la vapeur ? On n'y avait cependant pas songé avant Papin. Quoi de plus simple que d'extraire le gaz du charbon, il a néanmoins fallu la physique moderne pour éclairer nos villes avec cet agent si facile à trouver. De même pour le mouvement appliqué à la tannerie. Il fallait le produire dans de bonnes conditions, dans des conditions autres que pour le tannage dit à la flotte ou pour le tannage américain. M. Charles Knoderer a résolu le problème. Si ses admirables cuirs ne se font pas à la minute comme le tissu de coton ou de soie dans nos fabriques, cependant ils se font très rapidement, et la mécanique peut-être considérée maintenant comme l'agent essentiel du tannage. Elle conquiert ainsi, de par cet inventeur, un nouveau champ de bataille annuel de plusieurs centaines de millions, car je ne doute pas un seul instant que le procédé de M. Charles Knoderer ne fasse rapidement le tour du globe. Il est, selon nous, le Jacquart du cuir.

Nos lecteurs comprendront maintenant pourquoi nous attirons leur attention sur une révolution industrielle aussi importante. Elle méritait bien qu'un journaliste se déplaçât pour aller s'en rendre compte et pour en rendre compte au public.

Plusieurs témoins compétents, plus compétents que nous, nous avaient devancés ou accompagnés dans la double visite que nous avons faite aux usines d'Illkirck. Nous nommerons parmi eux des maîtres ouvriers des plus distingués, comme MM. Renard et Vallée, qui sont connus de toute la tannerie française ; nous citerons avant tout aussi M. Dussard, ancien préfet de Rouen, à la sagacité duquel tant de progrès en économie politique et en économie domestique sont dus, et qui est un des créateurs des chemins de fer en France. Nous n'oublierons pas non plus notre ami Ch. Vincent, qui rédige une excellente feuille industrielle, consacrée aux intérêts spéciaux des ouvriers et des maîtres cordonniers.

Ces diverses capacités n'ont pas moins été émerveillées que nous des résultats obtenus par les procédés de M. Charles Knoderer, et elles ont émis leur opinion formellement favorable dans des procès-verbaux et des certificats dont nous publierons les principales parties, en analysant un ouvrage très complet sur l'industrie des peaux et des cuirs, dû également au pacifique révolutionnaire de cette noble ville de patients et énergiques chercheurs, où Guttenberg fit ses premiers essais. Nous en avons assez dit aujourd'hui, pour appeler l'attention générale sur le grand progrès industriel qui s'opère en ce moment dans une de nos plus vivantes et de nos plus nécessaires industries. M. Charles Knoderer, au rebours de bien des inventeurs, ne met pas la lumière sous le boisseau. Il invite tout le monde à s'assurer de la vérité. Il ouvre ses usines, sans crainte de la contrefaçon, à tous les visiteurs de bonne foi. La France, qui lui doit une nouvelle source de richesses, s'en montrera, nous l'espérons, reconnaissante.

En attendant, voilà donc encore une immense classe de travaux emportés dans le courant qui perfectionne tous nos arts et tous nos métiers. Les tanneurs ne se courberont plus sur les fosses insalubres de leurs aïeux. Une quantité considérable de capitaux ne seront plus enfouis durant des années entières, et l'on peut espérer voir bientôt ce que l'on n'a jamais vu encore : le cuir à bon marché, par suite des avantages que réalisent les procédés de ce que M. Charles Knoderer appelle justement : *la nouvelle tannerie française.*

Léon Plée.

Je soussigné, Pascal-Auguste Leblond, ancien tanneur près de Boulogne-sur-Mer, déclare que ce qui suit est la vérité :

Ayant beaucoup entendu parler des nouveaux procédés de tannage de M. Charles Knoderer, je me suis transporté dimanche matin, 30 mars, et lundi 7 avril dernier, à l'usine d'Illkirch, où je trouvai M. Knoderer, inventeur, lequel, avec la plus grande complaisance, s'empressa de me faire ouvrir successivement tous les tonneaux servant à sa fabrication (et remplaçant les passements et les fosses), et au tannage des différentes espèces de cuir se composant de veaux de toutes forces, culées de chevaux, vaches, bœufs de tous genres et taureaux de première force. J'ai pu constater la toute bonne qualité de ces marchandises, tant sous le rapport de parfait tannage que sous le rapport de la couleur, qui ne laisse rien à désirer.

Je suis convaincu que par aucun procédé connu jusqu'aujourd'hui, il est impossible d'égaler la finesse de ces cuirs, ainsi que le montage et le bordage dans les flancs des peaux les plus maigres et les plus ingrates.

Il serait à désirer que tous les tanneurs puissent comme moi se convaincre des résultats merveilleux du système de M. Knoderer, où il n'entre que de l'eau et du tan ; car j'ai la conviction qu'aucun d'eux alors ne voudrait plus tanner d'après l'ancienne méthode, puisque par les découvertes de l'inventeur on a économie de temps et d'écorce, et qu'on obtient une qualité et un poids bien supérieurs.

J'autorise M. Knoderer à faire tel usage qui lui conviendra de cette attestation.

Strasbourg, le 8 avril 1856.

LEBLOND.

Paris, typ. Dubois et Vert, rue St-Denis, 376.

www.ingramcontent.com/pod-product-compliance
Lightning Source LLC
LaVergne TN
LVHW050141180726
843501LV00012B/1618